21世纪高等院校信息与通信工程规划教材

21st Century University Planned Textbooks of Information and Communication Engineering

杨晓波 刘楚川
王俊 胡庆 主编

宽带接入实训教程

Practice of
Wide Band Access

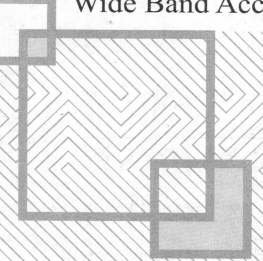

人民邮电出版社
北 京

高校系列

图书在版编目（CIP）数据

宽带接入实训教程 / 杨晓波等主编. -- 北京：人
民邮电出版社，2014.2
21世纪高等院校信息与通信工程规划教材
ISBN 978-7-115-34303-1

Ⅰ．①宽… Ⅱ．①杨… Ⅲ．①宽带接入网－高等学校
－教材 Ⅳ．①TN915.6

中国版本图书馆CIP数据核字(2014)第009966号

内 容 提 要

本书是结合卓越工程师计划而编写的宽带接入实训教材。全书共 4 部分 17 章，主要包括接入网基础知识、中兴 ADSL 设备实训、华为 GPON 设备实训、长光 EPON 设备实训，在每个部分都配有相关理论知识讲解及设备系统结构介绍，在每个实训章节都配有总结与思考。本书以知名企业华为、中兴、武汉长光的有线接入产品为平台，模拟现网体系架构组建实训网络，侧重阐述了一系列以 IP 技术为中心、关注数据配置、能实现综合业务接入的实训的配置方法，概念阐述清楚，实训内容循序渐进。

本书可作为通信类、计算机类相关本科专业、专科院校实训教材，也可供相关科研、教学和工程技术人员参考。

◆ 主　编　杨晓波　刘楚川　王　俊　胡　庆

　　责任编辑　刘　博

　　责任印制　彭志怀　杨林杰

◆ 人民邮电出版社出版发行　　北京市丰台区成寿寺路 11 号

　　邮编　100164　　电子邮件　315@ptpress.com.cn

　　网址　http://www.ptpress.com.cn

　　大厂聚鑫印刷有限责任公司印刷

◆ 开本：787×1092　1/16

　　印张：11.5　　　　　　　　2014 年 2 月第 1 版

　　字数：276 千字　　　　　　2014 年 2 月河北第 1 次印刷

定价：29.80 元

读者服务热线：(010)81055256　印装质量热线：(010)81055316
反盗版热线：(010)81055315

　　接入网是通信网的重要组成部分，也是当前通信网中发展最快、竞争最激烈的网络。接入网发展到今天，各种接入网技术层出不穷，呈现出宽带化、IP 化、综合化的趋势。

　　本教材专注于当前最主流的有线接入技术，并针对在我国应用广泛的 ADSL 技术、EPON 技术、GPON 技术开展相应的实训，阐述了一系列以 IP 技术为中心、侧重数据配置、能实现综合业务接入的实训的配置方法。本书是结合卓越工程师计划而编写的宽带接入实训教材，融合了编者多年的教学、工程经验，旨在为学生提供一个了解接入网技术、掌握接入网体系架构、进行接入网规划设计、掌握相关业务配置的实践平台；让学生通过接触大型商用设备，强化对理论知识的理解，提升工程方面的实际应用技能，获得工程经验，增强专业素养，为成为合格的工程型人才奠定基础。

　　全书共 4 部分 17 章，主要包括接入网基础知识、ADSL 实训、GPON 实训和 EPON 实训。在每个部分都配有相关理论知识讲解及设备系统结构介绍，在每个实训章节都配有总结与思考。本书以知名通信企业华为、中兴、武汉长光的有线接入产品为平台，模拟现网网络架构组建实训网络，强调接入网的体系架构，引导学生从"全程全网"的角度理解接入网技术，概念阐述清楚，实训内容循序渐进。

　　本书第 1～2 章、第 6～12 章、第 14～17 章由杨晓波编写，第 4 章、第 5 章由刘楚川编写，第 13 章由王俊编写，第 3 章由胡庆编写。全书由杨晓波主编并统稿。在编写期间得到余翔、明艳、李玲霞、刘小莉等大力协助，在此一并表示感谢。

　　本书可作为通信类、计算机类相关本科专业、专科院校实训教材，也可供相关科研、教学和工程技术人员参考。

　　由于编者水平有限，加之时间仓促，书中难免存在疏漏和错误之处，恳请广大读者批评指正。

编　者

2013 年 11 月

目　录

第一部分　接入网基础知识

第1章　接入网的概念 ················· 1
1.1　从位置关系理解接入网 ········ 1
1.2　接入网的标准 ················· 2
　　1.2.1　电信网接入网标准 ITU-
　　　　　T G.902 ················· 2
　　1.2.2　IP 接入网标准 ITU-T Y.1231 ···· 3
1.3　总结 ····················· 4
1.4　思考题 ··················· 4

第2章　主要接入网技术 ············· 5
2.1　有线接入技术 ··············· 5
2.2　无线接入技术 ··············· 6
2.3　总结 ····················· 7
2.4　思考题 ··················· 8

第二部分　ADSL 实训

第3章　ADSL 实训预备知识 ········· 9
3.1　ADSL 技术简介 ············· 9
　　3.1.1　xDSL 技术 ············· 9
　　3.1.2　ADSL 技术 ············ 10
　　3.1.3　ADSL2、ADSL2+、VDSL 技术
　　　　　简介 ················· 13
3.2　中兴 ADSL 产品简介 ········ 16
　　3.2.1　ADSL 局端设备 9806H 简介 ··· 16
　　3.2.2　用户端设备 ·············· 19
3.3　宽带接入认证设备简介 ········ 19
　　3.3.1　宽带接入认证服务器-
　　　　　MydBAS2000 简介 ······ 19
　　3.3.2　RADIUS 服务器- Mydradius9
　　　　　简介 ················· 20
3.4　总结 ····················· 20

3.5　思考题 ··················· 21

第4章　ADSL 基本数据业务配置 ········ 22
4.1　实训目的 ··················· 22
4.2　实训规划（组网、数据） ········ 22
　　4.2.1　组网规划 ·············· 22
　　4.2.2　数据规划 ·············· 23
4.3　实训原理—PPPoE 简介 ········ 24
　　4.3.1　发现阶段 ·············· 24
　　4.3.2　会话阶段 ·············· 25
4.4　实训步骤与记录 ············· 26
4.5　总结 ····················· 34
4.6　思考题 ··················· 34

第5章　MydBAS 与 RADIUS 配置 ······ 35
5.1　实训目的 ··················· 35
5.2　实训规划（组网、数据） ········ 35
　　5.2.1　组网规划 ·············· 35
　　5.2.2　数据规划 ·············· 36
5.3　实训原理 ··················· 37
5.4　实训步骤与记录 ············· 37
　　5.4.1　采用本地认证方式 ········ 37
　　5.4.2　采用集中认证方式 ········ 43
5.5　总结 ····················· 50
5.6　思考题 ··················· 50

第三部分　GPON 实训部分

第6章　PON 技术简介 ············· 51
6.1　PON 的基本组成 ············· 51
6.2　PON 的拓扑结构 ············· 52
6.3　PON 的工作原理 ············· 53
6.4　PON 的应用模式 ············· 54
6.5　APON、EPON 与 GPON ········ 56
6.6　总结 ····················· 58

6.7　思考题 ······················· 59

第 7 章　GPON 实训预备知识 ············ 60

7.1　GPON 关键技术 ·················· 60

7.1.1　GPON 协议栈 ············ 60

7.1.2　GPON 重要技术概念 ······ 61

7.1.3　GPON 帧结构 ············ 64

7.1.4　GEM 帧结构 ············· 65

7.2　华为 GPON 产品介绍 ·············· 66

7.2.1　OLT 设备-MA5683T 简介 ····· 66

7.3　总结 ·························· 69

7.4　思考题 ······················· 70

第 8 章　GPON 基本操作与维护 ·········· 71

8.1　实训目的 ······················ 71

8.2　实训规划（组网、数据）·········· 71

8.2.1　组网规划 ··············· 71

8.2.2　数据规划 ··············· 72

8.3　实训步骤及记录 ··············· 72

8.3.1　实训步骤 1：配置管理 PC 的
IP 地址，登录 MA5683T ····· 72

8.3.2　实训步骤 2：在 OLT 特权模式
下，进行 GPON 基本命令
操作 ··················· 73

8.4　总结 ·························· 75

8.5　思考题 ······················· 75

第 9 章　MA5683T 基本上网业务开通
配置 ······················· 77

9.1　实训目的 ······················ 77

9.2　实训规划（组网、数据）·········· 77

9.2.1　组网规划 ··············· 77

9.2.2　数据规划 ··············· 77

9.3　实训原理 ······················ 78

9.4　实训步骤与记录 ··············· 78

9.4.1　实训步骤 1：配置管理 PC 的
IP 地址，登录 MA5683T ····· 79

9.4.2　实训步骤 2：在 OLT 特权模式
下，进行 GPON 基本数据业务
开通配置 ··············· 79

9.4.3　实训步骤 3：拨号测试 ········ 85

9.4.4　实训步骤 4：删除宽带业务
配置 ··················· 86

9.5　总结 ·························· 88

9.6　思考题 ······················· 89

第 10 章　MA5683T 的 VoIP 业务配置
（基于 SIP）················· 91

10.1　实训目的 ····················· 91

10.2　实训规划（组网、数据）········· 91

10.2.1　组网规划 ·············· 91

10.2.2　数据规划 ·············· 92

10.3　实训原理—VoIP 及 SIP 简介 ······· 93

10.3.1　VoIP 简介 ············· 93

10.3.2　SIP 系统基本构成 ········ 93

10.3.3　SIP 消息的组成 ········· 95

10.3.4　SIP 基本会话过程 ········ 96

10.4　实训步骤与记录 ············· 97

10.4.1　实训步骤 1：配置管理 PC 的
IP 地址，登录 MA5683T ···· 97

10.4.2　实训步骤 2：在 OLT 特权模式
下，进行 GPON 语音业务开通
配置 ················· 97

10.4.3　实训步骤 3：拨号测试 ······ 103

10.5　总结 ························· 103

10.6　思考题 ······················ 104

第 11 章　MA5683T 的 IPTV 业务配置 ·· 105

11.1　实训目的 ···················· 105

11.2　实训规划（组网、数据）········ 105

11.2.1　组网规划 ············· 105

11.2.2　数据规划 ············· 106

11.3　实训原理—组播简介 ··········· 106

11.3.1　单播、广播与组播 ······· 106

11.3.2　组播地址 ············· 107

11.3.3　管理组播数据流 ········· 108

11.3.4　在交换机上处理组播
数据流 ··············· 109

11.4　实训步骤与记录 ············ 109

11.4.1　实训步骤 1：配置视频

服务器——这部分工作
由老师完成 ·················· 109
11.4.2 实训步骤 2: 配置管理 PC 的
IP 地址, 登录 MA5683T ···· 112
11.4.3 实训步骤 3: 在 OLT 特权
模式下, 进行 GPON IPTV
业务开通配置 ·············· 112
11.4.4 实训步骤 4: 收看节目 ··· 119
11.5 总结 ······························ 119
11.6 思考题 ··························· 120

第 12 章 XF-BAS 的配置 ··············· 121
12.1 实训目的 ······················ 121
12.2 实训规划（组网、数据）········ 121
12.2.1 组网规划 ······················ 121
12.2.2 数据规划 ······················ 121
12.3 实训原理 ······················ 122
12.4 实训步骤与记录 ··············· 123
12.4.1 配置网卡的 IP 地址 —— 这
部分工作由老师完成 ······· 123
12.4.2 启动 BAS 配置程序 ··········· 123
12.4.3 配置 IP 地址池 ··············· 124
12.4.4 配置 PPPoE 认证服务器 ····· 125
12.4.5 配置 NAT（内外网地址
转换）····················· 127
12.4.6 配置路由 ····················· 128
12.4.7 配置 DHCP 服务器 ··········· 130
12.4.8 拨号测试 ····················· 131
12.5 总结 ······························ 131
12.6 思考题 ··························· 132

第四部分 EPON 实训

第 13 章 EPON 实训预备知识 ········· 133
13.1 EPON 基本原理 ··············· 133
13.1.1 EPON 的协议栈 ·············· 133
13.1.2 EPON 的传输帧结构 ········· 137
13.2 武汉长光 EPON 产品介绍 ······· 138
13.2.1 OLT 设备-YOTC OpticalLink
C8000 简介 ···················· 138

13.2.2 ONU 设备简介 ················ 140
13.3 总结 ······························ 141
13.4 思考题 ··························· 142

第 14 章 EPON 基本操作与维护 ······· 143
14.1 实训目的 ······················ 143
14.2 实训规划（组网、数据）········ 143
14.2.1 组网规划 ······················ 143
14.2.2 数据规划 ······················ 144
14.3 实训步骤及记录 ··············· 144
14.3.1 实训步骤 1: 观察 C8000 设备
硬件结构及单板 ············· 144
14.3.2 实训步骤 2: 熟悉实训室
组网 ························· 144
14.3.3 实训步骤 3: 配置管理 PC 的
IP 地址, 登录 C8000 ········· 145
14.3.4 实训步骤 4: 在 enable 视图
下, 进行一系列查看操作 ···· 145
14.3.5 实训步骤 5: VlAN 基本
配置 ························· 147
14.3.6 实训步骤 6: 配置 OLT 带内
网管 ························· 148
14.3.7 实训步骤 7: ONU 的授权 ···· 149
14.4 总结 ······························ 151
14.5 思考题 ··························· 151

第 15 章 EPON 宽带业务数据配置 ······· 152
15.1 实训目的 ······················ 152
15.2 实训规划（组网、数据）········ 152
15.2.1 组网规划 ······················ 152
15.2.2 数据规划 ······················ 152
15.3 实训原理 ······················ 152
15.4 实训步骤与记录 ··············· 153
15.4.1 实训步骤 1: 配置管理 PC 的
IP 地址, 登录 C8000 ········· 153
15.4.2 实训步骤 2: 进入 config
视图, 进行 EPON 基本
数据业务开通配置 ··········· 153
15.4.3 实训步骤 3:拨号测试 ········ 156
15.4.4 实训步骤 4: 删除宽带业务

　　　　　配置数据 ……………………156
15.5　总结 ……………………………156
15.6　思考题 …………………………157

第 16 章　EPON VoIP 业务配置（基于
　　　　SIP）………………………158
16.1　实训目的 ………………………158
16.2　实训规划（组网、数据）………158
16.2.1　组网规划 ………………158
16.2.2　数据规划 ………………159
16.3　实训原理 ………………………159
16.4　实训步骤与记录 ………………160
16.4.1　实训步骤 1：配置管理 PC 的
　　　　IP 地址，登录 C8000 ………160
16.4.2　实训步骤 2：在 OLT 的 config
　　　　视图下，进行 EPON 语音业务
　　　　开通配置 …………………160
16.4.3　实训步骤 3：拨号测试 ………170
16.5　总结 ……………………………170
16.6　思考题 …………………………171

第 17 章　C8000s 的 IPTV 业务配置 ……172
17.1　实训目的 ………………………172
17.2　实训规划（组网、数据）………172
17.2.1　组网规划 ………………172
17.2.2　数据规划 ………………173
17.3　实训原理 ………………………173
17.4　实训步骤与记录 ………………173
17.4.1　实训步骤 1：配置视频
　　　　服务器 …………………173
17.4.2　实训步骤 2：配置管理 PC
　　　　的 IP 地址，登录 C8000 ……173
17.4.3　实训步骤 3：在 OLT 的 config
　　　　视图下，进行 EPON 的 IPTV
　　　　业务开通配置 ……………173
17.4.4　实训步骤 4：收看节目 ……175
17.5　总结 ……………………………175
17.6　思考题 …………………………175

参考文献 ………………………………176

第一部分　接入网基础知识

第 **1** 章　接入网的概念

1.1　从位置关系理解接入网

在传统的电话网中，通过电话线把固话终端与交换机相连，提供以语音为主的业务。那时，用户接入部分仅仅是交换网络的最后延伸，是某些具体接入设备的附属设施，并不是一个独立完整的网络部件。近年来，随着用户业务类型及用户规模的剧增，需要有一个综合语音、数据及视频的接入网络来实现用户的接入需求，由此产生了接入网（Access Network，AN）的概念。在 1975 年，英国电信（British Telecom, BT）首次提出了接入网的概念。1979 年，ITU-T（国际电联电信标准化部门，其前身为 CCITT）开始制定有关接入网的标准；1995 年，电信网接入网标准 ITU-T G.902 建议书发布；2000 年，IP 接入网标准 ITU-T Y.1231 建议书发布。接入网标准的出台，使接入网真正成为了独立的网络；特别是 Y.1231 的发布，在 20 世纪 90 年代中后期互联网开始突飞猛进发展的大背景下，使 IP 接入网进入了大发展时期。经过几十年的发展，接入网已经发展成为一个相对独立、完整的网络，与核心网一起成为现代通信网络的两大基本部件。目前，接入网进入了高速发展期，其规模之大、影响面之广前所未有。

什么是接入网呢？我们从直观的位置关系来理解接入网的概念。

先从生活中的例子谈起。在我们的日常生活中，常常会提到"上网"这个词。那么，我们的计算机（手机等）是怎样连到互联网上去的呢？计算机（手机等）并不是直接与互联网相连的，中间必须要通过一系列的设备、线路等。经过的这些设备、线路等就构成了接入网。上网用的计算机（手机等）属于用户部分，而互联网是属于核心网部分，因此，通俗的说，接入网就是把用户接入到核心网的网络。

如图 1-1 所示，一个通信网络从水平方向看，由用户部分、接入网部分和核心网部分组成。用户部分可以是单独的设备，也可能是由多个用户设备构成的用户驻地网。

接入网处于整个通信网的网络边缘，用户的各种业务通过接入网进入核心网。通常，接入网有两个俗称：Last mile（最后一英里）和 First mile（最初一英里）。这是从不同的位置角度对接入网的称呼。从运营商角度来看，接入网是他们运营建设的最后一段，所以他们称之为"最后一公里"；而对于用户而言，接入网是与他们最直接接触的运营商网络，所以是"最初一公里"。不过，"一公里"只是个形象的称呼，并非实际距离为一公里，只是表明这段网络相对于核心网而言，是距离较短的一段。

图 1-1　接入网在通信网中的位置

1.2　接入网的标准

1.2.1　电信网接入网标准 ITU-T G.902

1995 年 11 月 2 日，国际电联发布了接入网的第一个总体标准 ITU-T G.902 建议书。在 G.902 建议书中，接入网定义为：接入网是由一系列实体（诸如线缆装置和传输设施等）组成的、提供所需传送承载能力的一个实施系统。在一个业务节点接口（Service Node Interface，SNI）与之相关联的每一个用户网络接口（User-Network Interface，UNI）之间提供电信业务的所需的传送能力。接入网可以经由一个 Q3 接口进行配置和管理。一个接入网实现 UNI 和 SNI 的数量和类型原则上没有限制。接入网不解释用户信令。

仔细分析 G.902 对接入网的定义，可以看出以下几点。

- 接入网是由线缆装置、传输设备等实体构成的一个实施系统。
- 接入网为电信业务提供所需的传送承载能力。
- 电信业务是在 SNI 和每一与之关联的 UNI 之间提供的。
- 接入网可以经由 Q3（电信管理网 TMN 的接口）进行配置和管理。
- 接入网不解释用户信令。
- 接入网主要完成复用、连接和运送功能，不含交换功能，独立于交换机。

根据该建议书，接入网的覆盖范围可由 3 个接口来界定：业务节点接口（SNI）、用户网络接口（UNI）和 Q3 接口，如图 1-2 所示。

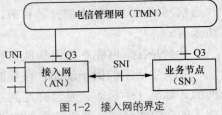

图 1-2　接入网的界定

SNI 业务节点接口位于接入网的 SN 侧，是接入网和业务节点（Service Node，SN）之间的接口。业务节点是提供具体业务服务的实体，是一种可接入各种交换类型或永久连接型电信业务的网元。SNI 是 SN 通过 AN 向用户提供电信业务的接口。SNI 可分为支持单一接入的和综合接入的 SNI。单一接入的有模拟 Z 接口、数字 V 接口等；综合接入的如 V5 接口和以 ATM 为基础的 VB5 等。

用户网络接口 UNI 位于接入网的用户侧，是用户和接入网之间的接口。用户终端通过 UNI 连接到 AN。接入网通过 INU 为用户提供各种业务服务。用户网络接口主要有传统的模拟电话 Z 接口、ISDN 接口、ATM 接口、E1 接口、以太网接口等。

维护管理接口 Q3 是接入网与电信管理网（Telecommunication Management Network，

TMN）的接口。Q3 接口是电信管理网与各被管理部分连接的标准接口。电信管理网通过 Q3 标准接口来实施对接入网的管理。管理功能包括：用户端口功能的管理、运送功能的管理、业务端口功能的管理。

G.902 建议书是关于接入网的第一个总体标准，它确立了接入网的第一个总体结构，对接入网的形成具有关键性的奠基作用。但是，受限于当时的历史条件，互联网技术的理念、框架还远未深入影响通信技术界，传统电信技术的体系和思路还是电信网络的主体。因此，G.902 建议书暴露出一定的局限性。

- 只具有连接、复用、运送功能，不具备交换功能。
- 只能静态关联：UNI 和 SNI 只能静态指派 SNI 和 UNI 只能由网管人员通过 Q3 接口的指派实现静态关联，不能动态关联。
- 不解释用户信令：用户不能通过信令选择不同的业务提供者。
- 由特定接口界定。
- 核心网与业务绑定，不利于其他业务提供者参与。
- 不具备独立的用户管理功能。

G.902 建议书很大程度上受到传统电信技术的影响，其定义的接入网特别是接入网的功能体系、接入类型、接口规范等，更多的是适用于电信网络。所以当关于 IP 接入网的总体标准 Y.1231 问世以后，人们有时将 G.902 建议书称为"电信接入网总体标准"。

1.2.2 IP 接入网标准 ITU-T Y.1231

2000 年 11 月，ITU-T 通过 Y.1231 建议书，给出了 IP 接入网的总体框架结构。该建议书给出的 IP 接入网定义是：IP 接入网是由网络实体组成提供所需接入能力的一个实施系统，用于在一个"IP 用户"和一个"IP 服务者"之间提供 IP 业务所需的承载能力。

定义中的"IP 使用者"和"IP 服务者"都是逻辑实体，它们终止 IP 层和 IP 功能并可能包括低层功能。"IP 用户"也称"IP 使用者"，"IP 服务者"也称"IP 业务提供者 ISP"。

进一步理解 IP 接入网的定义，可以看出以下几点。

- IP 接入网是由 IP 用户和 IP 服务提供者之间提供接入能力的实体组成。
- 由这些实体提供承载 IP 业务的能力。
- 定义中的 IP 服务提供者是一种逻辑实体，可能是一个服务器群组，可能是一个服务器，甚至可能是一个提供 IP 服务的进程。
- IP 用户可以动态选择不同的 IP 服务提供者。

根据该建议书，IP 接入网的总体架构如图 1-3 所示。

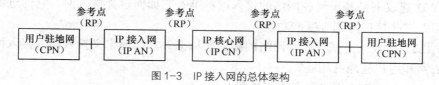

图 1-3 IP 接入网的总体架构

图中，用户驻地网（Customer Premises Network，CPN）位于用户驻地，可以是小型办公网络，也可以是家庭网络；可能是运营网络，也可能是非运营网络。IP 核心网是 IP 服务提供商的网络，可以包括一个或多个 IP 服务提供商。

IP 接入网位于 IP 核心网和用户驻地网之间，IP 接入网与用户驻地网、IP 核心网之间的接口不再是三种接口，而是由统一的参考点（RP）界定。RP 是一种抽象、逻辑接口，适用所有 IP 接入网。它在 Y.1231 标准中未作具体定义，在具体的接入技术中，由专门的协议描述RP，不同接入技术对 RP 有不同的解释。

IP 接入网具有以下三大功能。

● 运送功能：承载并传送 IP 业务。

● IP 接入功能：对用户接入进行控制和管理（AAA 功能：认证、授权、计费）。

● IP 接入网系统管理功能：系统配置、监控、管理。

对 IP 接入功能的支持，是 IP 接入网与电信接入网在总体架构方面的最大区别。与 G.902 定义的接入网相比，IP 接入网不仅具有复用、连接、运送功能外，还具有交换和记费功能，可以给用户分配 IP 地址，可以实现 NAT 功能等。它能解释用户信令，IP 用户可以自己动态选择 IP 服务提供者；接入网、核心网、业务提供者完全独立，便于更多的 IP 业务提供者参与，用户可以通过接入网获得更多的 IP 服务。它具有独立且统一的 AAA 用户接入管理模式，便于运营和对用户的管理，适用于各种接入技术。

Y.1231 建议书将接入网的发展推进到一个新的历程，揭开了 IP 接入网大发展的序幕。IP 接入网适应基于 IP 的技术潮流，可以提供包括数据、语音、视频和其他多种业务，满足融合网络的需要。如今的接入技术几乎都是基于 IP 接入网。

1.3　总结

① 本章主要介绍了接入网的两个重要标准——电信接入网标准 G.902 和 IP 接入网标准 Y.1231。G.902 是历史上第一个接入网总体标准框架，使接入网开始形成一个独立网络，但它束缚于电信网的体制、局限于传统电信网络观念也让其暴露出很多弱点。在全球互联网浪潮影响下产生的 Y.1231 建议书定义了 IP 接入网络的总体结构，适应 IP 技术的发展潮流，将接入网推进到一个新的历程。

② 今天的接入网已经具备完整的功能：除了基本的传送数据流以承载多种业务的功能以外，还可以实现接入认证和授权，可以独立计费。接入网可以不再依附于核心网络设备而独立存在，可以选择接入不同运营商的网络，可以独立于业务。

1.4　思考题

（1）G.902 建议书是基于何种网络的接入网标准？它如何定义接入网？它通过哪些接口来界定接入网？这些接口分别有哪些功能？

（2）Y.1231 建议书是基于何种网络的接入网标准？它如何定义接入网？接入网通过什么接口与核心网和用户驻地网相连？

（3）Y.1231 与 G.902 相比，有哪些优势？

近年来，接入网已成为通信发展的一个重点，各种接入网技术层出不穷。根据接入网所用的传输介质，接入网技术分为有线接入技术和无线接入技术。

2.1 有线接入技术

● xDSL 接入

xDSL 技术是基于 PSTN 网络发展起来的宽带接入技术，是电信接入网升级的一种重要方式。它以铜质电话线为传输介质，采用先进的数字编码技术和调制解调技术，在一根铜线上分别传送数据和语音信号。但数据信号并不通过电话交换设备，因此利用 DSL（Digital Subscriber Line，数字用户线）上网不需另外缴纳电话费。

xDSL 中的"x"代表各种数字用户环路技术，可细分为 HDSL（High Data Rate of DSL，高速率用户环路技术）、ADSL（Asymmetric of DSL，非对称用户环路技术）和 VDSL（Very High Data Rate of DSL，甚高速率用户环路技术）等技术。这些技术的主要区别体现在信号传输速度和距离的不同以及上、下行速率的对称性等方面的差异。

xDSL 技术由于充分利用了现有的巨大双绞线铜缆网，无需对现有电信接入系统进行改造，就可以方便地开通宽带业务，非常经济适用，曾经是宽带接入领域的主力军。但是，由于 xDSL 技术主要采用频分复用技术以分离语音和数据，而数据部分被分配到高频段部分，随着传输距离的增加，铜线的传输损耗急剧增大，特别是高频段部分的衰减更大，基于这一特性，xDSL 技术无法提供长距离的高带宽接入，因此，它只能是一种过渡技术。

● 光纤接入

近年来，随着光纤技术的快速发展，接入网由铜缆接入逐步发展为光纤接入，即"光进铜退"。光纤接入是指数据通信公司局端与用户之间部分或全部采用光纤作为传输介质。光纤接入具有容量大、衰减小、远距离传输能力强、体积小、防干扰性能强、保密性好等优点，成为当前有线接入领域的主流技术。

按照用户端的光网络单元放置的位置不同，光纤接入方式又划分为 FTTC（光纤到小区）、FTTB（光纤到楼）、FTTH（光纤到户）。

目前，光纤接入技术主要可分为两大类型：有源光网络（Active Optical Network，AON）

和无源光网络（Passive Optical Network，PON）技术。两者的区别在于接入网室外传输设施中，前者含有有源设备（电子器件、电子电源等）；而后者则没有，因此具有可避免电磁和雷电影响，设备投资和维护成本低的优点。也正基于此特点，PON 技术受到了巨大推动和发展。

根据 PON 网络中的封装协议，PON 技术主要分为基于 ATM 传输的 BPON（APON）、基于 Ethernet 分组传送的 EPON 技术以及兼顾 ATM/Ethernet/TDM 综合化的 GPON 技术。目前，中国市场采用 EPON 和 GPON 技术。

● HFC 接入

HFC（Hybrid Fiber Coaxial Cable，混合光纤同轴电缆）接入技术是在有线电视网络基础上进行改造发展而成的一种宽带接入技术。有线电视网络的主干采用光纤替代传统的电缆，将头端（Head End）机房设备到用户附近的光纤节点（Fiber Node）用光纤进行连接，从光纤节点到用户端采用同轴电缆连接，故称该技术为光纤同轴混合接入技术。在该系统中，主干系统采用星状结构，配线系统采用树型结构。

HFC 接入网是以模拟频分复用技术为基础，综合应用模拟和数字传输技术、光纤和同轴电缆技术、射频技术及高度分布式智能技术的宽带接入网络。通过对现有电视网络进行双向化改造，连接上采用 Cable Modem 技术，使得有线电视网络除了可提供丰富的电视节目以外，还可提供话音业务、高速数据业务和个人通信业务等业务，实现全业务的接入。

HFC 利用深入千家万户的有线电视网为用户提供宽带接入，这是一种比较经济的宽带接入方式。但是，当 Cable Modem 技术大规模应用时网络的稳定性不够，带宽有待提高，所以它并不如 xDSL 技术那样被大规模推广应用。

2.2　无线接入技术

无线接入技术是指接入网全部或部分采用无线传输方式，为用户提供固定或移动的接入服务的技术。因其具有无需铺设线路、建设速度快、初期投资小、受环境制约不大、安装灵活、维护方便等优点，成为接入网领域的新生力量。

按照覆盖范围划分，宽带无线接入技术一般包括无线个域网（Wireless Personal Area Network，WPAN）、无线局域网（Wireless Local Area Network，WLAN）、无线城域网（Wireless Metropolitan Area Network，WMAN）、无线广域网（Wireless Wide Area Network，WWAN）4 类。

● 无线个域网（WPAN）

WPAN 是为了实现活动半径小（数米范围）、业务类型丰富（语音、数据、多媒体）、面向特定群体（家庭与小型办公室）、无线无缝的连接而提出的无线网络技术。WPAN 工作于 10m 范围内的"个人区域"，用于组成个人网络，能够提供无线终端之间的短程通信。WPAN 关注的是个人信息和连接需求，例如将数据从台式计算机同步到便携式设备，便携式设备之间的数据交换，以及为便携式设备提供 INTENET 连接等。WPAN 主要包括蓝牙、ZigBee、超宽带（UWB）和 ETSI 高性能个域网（HiperPAN）等技术。

WPAN 有效的解决了"最后几米电缆"的问题，提供更灵活、更具移动性以及更自由的连接以摆脱电缆的束缚，进而将无线联网进行到底。

● 无线局域网（WLAN）

WLAN 是目前在全球重点应用的宽带无线接入技术之一。它的覆盖范围约为 100m，主要用于解决会场、校园、厂区、公共休闲区域等区间的用户终端的无线接入。现在大多数 WLAN 都使用 2.4GHz 频段。

WLAN 的技术标准主要有两种：IEEE802.11 系列标准和 ETSI HiperLAN 系列标准，我国使用 IEEE802.11 系列标准。为了推动标准、产品、市场的发展，WLAN 领域的一些领先厂商组成了 Wi-Fi（Wireless Fidelity）联盟，推动 IEEE802.11 标准的制定，对按照标准生产的产品进行一致性和互操作性认证。因此，通常称使用了认证并以 Wi-Fi 标注的产品组网为 Wi-Fi 网络。随着 IEEE 802.11 技术的不断成熟，Wi-Fi 正成为无线接入以太网的主流技术，Wi-Fi 几乎与 WLAN 成了同义词。

● 无线城域网（WMAN）

WMAN 用于解决城域网的接入问题，覆盖范围为几千米到几十千米。通过无线技术，以比局域网更高的速率，在城市及郊区范围内实现信息传输和交换。WMAN 除提供固定的无线接入外，还提供具有移动性的接入能力，它包括：多信道多点分配系统（MMDS）、本地多点分配系统（LMDS）、IEEE802.16 和 ETSI 高性能城域网（HiperMAN）技术。

与 WLAN 领域的 Wi-Fi 联盟相似，在 MMAN 领域成立了 WiMAX（World Interoperability for Microwave Access，微波接入全球互操作性）论坛。WiMAX 论坛的主要任务是推动符合 IEEE802.16 标准的设备和系统，加速城域 BWA（Broadband Wireless Access）的部署和应用。

● 无线广域网（WWAN）

WWAN 主要用于覆盖全国或全球范围内的无线网络，提供更大范围内的接入，具有移动、漫游、切换等特征。WWAN 技术主要包括 IEEE802.20 技术以及 2G、3G、B3G（超 3G）和 4G，其中，2G、3G 在目前应用最多。

典型的 2G（第二代移动通信系统）技术，如 GSM 系统，通过增加 GPRS 支持节点可以实现数据传输速率最高可达 200kbit/s 数据业务的传输。使用 GPRS 构成的 WWAN，其覆盖范围与 GSM 网络一样，用户接入非常方便。在 3G（第三代移动通信系统）中，网络采用了扩频通信、数字传输、分组交换等技术，直接即可提供高达 2Mbit/s 的数据无线接入速率。

WWAN 主要利用移动通信这一强大的广域通信设施实现广域的无线接入，是最灵活、最自由的接入方式。

以上对主要的接入网技术进行了简要介绍。可以看出，各种技术的接入环境差异很大，接入需求差异也很大，因此没有哪一种技术能满足各种环境、各种需求的接入。目前，各种宽带接入技术是并存的、互为补充的。从接入网技术的发展趋势来看，接入网技术正向着"有线铜退光进，无线宽带移动化，有线无线相互补充，实现无缝接入，提供全业务接入"的目标演进。

2.3　总结

① 本章对各种主要的宽带接入技术进行了介绍。xDSL 技术的最大优势是不需要对现有的公众电信线路进行调整，只要求铜线达到一定标准就可以实施，但基于铜线传输的特点导致其无法满足长距离的宽带接入；HFC 技术则要求对有线电视网进行相应改造，当 Cable

Modem 技术大规模应用时网络的稳定性和带宽均不足；无源光网络技术具有很高的带宽并且技术成熟，投资和维护成本相对较低，成为当今全球大力发展的有线接入技术。无线接入技术前景看好，但还有一些技术问题有待解决。

② 当前宽带接入技术的发展热点是有线接入领域的 PON 和无线接入领域的 WLAN、3G、4G 等。本书主要讨论有线接入技术，并针对在我国应用广泛的 ADSL 技术、EPON 技术、GPON 技术开展相应的实训。

③ 综合第一章、第二章的讲述，可知，现在接入网的发展趋势是：IP 化和业务综合化。IP 化是指几乎所有业务都基于 IP 方式传递，即所有媒体流都要转化为 IP 包在 IP 网路中传输，例如，基本的数据业务是基于 IP 的，语音采用 VoIP 的方式，视频采用 IPTV 的方式。业务综合化是指通过一个接入网络，可以实现数据、语音、视频业务的综合接入，即接入领域的"三网融合"。本书的所有实训，都基于这两大思想，并模拟现网网络架构，包括了基于 ADSL 的、基于 EPON 的、基于 GPON 的、基于 IP 方式的数据、语音、视频业务的的配置实训。

2.4　思考题

（1）请简述主要的接入技术有哪些，各有什么特点。

（2）怎样理解接入网的"IP 化、业务综合化"趋势？

第二部分 ADSL 实训

第 **3** 章 ADSL 实训预备知识

3.1 ADSL 技术简介

3.1.1 xDSL 技术

DSL（Digital Subscriber Line，数字用户线路）是利用现有电话铜线进行数据传输的宽带接入技术。DSL 工作频段大多高于话带。它采用先进的 DSP 技术和调制解调技术，实现电话铜线上的高速接入。ADSL 只是 DSL 家族的一员，它的家族成员还包括：HDSL、SDSL、VDSL 和 RADSL 等，一般称之为 xDSL。它们的区别主要表现在速率、传输距离、编码技术、上下行速率的对称性等方面。

1. xDSL 的接入结构

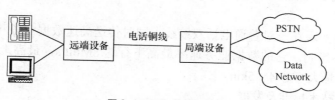

图 3-1 xDSL 的接入结构

xDSL 的接入结构如图 3-1 所示，它由局端设备和远端设备（用户端设备）组成，远端设备与局端设备之间通过电话铜线传输信息。具体的 DSL 接入结构会有所差别。

2. 引起线路传输损伤的主要因素

DSL 以铜线作为传输介质，自然会受到铜线本身传输特性的影响。在信号传输过程中，当信号衰落到小于噪声功率时，接收机就不能准确地检测到原始信号。那么造成信号衰减的因素有哪些？噪声的来源又有那些呢？针对 DSL 的信号环境，下面主要从铜线传输损耗、噪声及混合线圈与回波等方面进行分析。

① 传输损耗

传输损耗与距离、线径、频率有关。

与所有传输介质相同，信号在铜线上传送时会随线缆长度的增加而不断衰减。在一条长距离的环路上，总的衰减可达 60～70dB。影响信号损耗的因素除了用户环路长度之外，还有双绞线芯径（主要在低频段）、信号的电磁频率及桥接抽头（表现出振荡行为）。

② 噪声

噪声的来源主要有：白噪声、射频干扰、脉冲干扰、串扰。

● 白噪声：白噪声是线路中电子运动产生的固有噪声，在线路中总是存在的。

● 射频（RF）干扰：由于电话线是铜质线，对于无线射频信号，其作用相当于一个接收天线。特别是在高频段，电话线与地之间的平衡作用随频率增加而减小，所以高速的 DSL 系统易受到射频噪声影响。

● 脉冲干扰：瞬间突发电磁干扰（如空中闪电等）会产生脉冲式噪声。

● 串扰：串扰是同一扎内或相邻扎线之间的干扰。尽管在直流特性上，线对之间具有良好的绝缘特性；但在高频段，由于存在电容和电导耦合效应，线对间均存在不同程度的串扰。

③ 信号反射（混合线圈和回波）

传统电话通信中，要用混合线圈连接电话机的话筒和听筒。当混合线圈与用户环路的阻抗不匹配时，会引起信号反射，导致回波产生。

3.1.2 ADSL 技术

1. ADSL 的概念、技术标准及发展

（1）ADSL 的概念

ADSL（Asymmetric Digital Subscriber Line，非对称数字用户线路）的概念于 1989 年提出，1998 年开始广泛用于互联网接入。ADSL 是 xDSL 家族中的重要成员，是近年来发展和应用最快的接入技术之一。

ADSL 技术可实现在一对普通电话双绞线上同时传送高速数据业务和话音业务，两种业务相互独立、互不影响。它的数据业务速率最高下行达 8Mbit/s，最高上行速率达 1Mbit/s。ADSL 的传输距离最大可达 4～5km。

（2）ADSL 的技术标准及发展

ITU-T 颁布了一系列关于 ADSL 的建议，主要包括以下两点。

① 第一代 ADSL 技术

● G.992.1-1999，也称 G.dmt 规范，定义 ADSL 收发器。

● G.992.2-1999，也称 G.lite 规范，定义无分离器 ADSL 收发器。

② 第二代 ADSL 技术

● G.992.3-2002，也称 ADSL2，定义了 ADSL2 收发器。此标准在 2005 年 1 月被新的标准版本所替换。

● G.992.4-2002，定义了无分离器的 ADSL2 收发器。

● G.992.5-2003，也称 ADSL2+，定义了增强功能的 ADSL2 收发器。该标准于 2005 年 1 月被新的标准版本所替换。

2. ADSL 接入原理

ADSL 接入系统包括局端接入设备和用户端接入设备，图 3-2 所示为 G.992.1 规范定义的 ADSL 系统参考模型。图中，ATU-C（ADSL transmission unit-CO side，ADSL 局端传输单元）和 ATU-R（ADSL transmission unit-remote side，ADSL 远端传输单元）都属于 ADSL Modem 设备，只不过一个设置在局端，一个设置在用户端。ADSLAM（ADSL accessmultiplexer）是 ADSL 接入复用器，相当于多个 ATU-C。

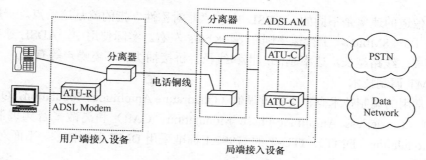

图 3-2　ADSL 系统参考模型

在 ATU-C 和 ATU-R 之间一般采用 ATM 方式进行数据传输，即局端到用户端之间在 ADSL 链路上承载并转移的数据单元格式为 ATM 信元。

（1）用户端接入设备

● ADSL Modem：对数据信号进行调制/解调，实现 ADSL 数据的正确收发。

● 分离器：由低通滤波器和高通滤波器组成，实现 POTS 与 ADSL 数据业务的分离。

（2）局端接入设备

● 分离器机架：由多个分离器构成，实现将分离后的话音接入程控交换机，将分离后数据接入数据交换机。

● ADSLAM：实现各路 ADSL 数据的复用和解复用。有些 DSLAM 具有局部管理和网关的功能。

分离器可与 ATU-R/ATU-C 独立，也可内置其中。独立的分离器需提供三个接口：一个接口连接用户与局端之间的电话线，另外两个接口分别用于连接 ADSL Modem 和传统语音设备（电话机或程控交换机）。

在 G.992.2 规范中，只在局端有 POTS 分离器，在用户端取消了分离器。G.992.2 是 G.992.1 标准的简化版，它的速率相对要低一些，下行速率/上行速率为 1.5Mbit/s 512Kbit/s。

3. ADSL 的重要概念（包括频谱划分、DMT 调制技术、速率调整方式、信道类型）

（1）ADSL 的频谱划分

ADSL 的工作频率范围是 0～1104kHz。ADSL 采用 FDM（频分复用）技术为用户提供了三个信道：语音信道、上行数据信道和下行数据信道，以实现语音、数据信号相互独立传输，互不影响。采用 DMT 调制方式的 ADSL 频谱划分如图 3-3 所示。0～4kHz 留给普通电话信号使用，30kHz～138kHz 的频段用作上行信号使用，140kHz～1.104MHz 频段供下行信号使用。

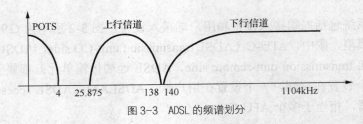

图 3-3　ADSL 的频谱划分

上下行信道的速率是不同的，ADSL 中的"非对称性"指的就是这一点。一般而言，下行速率可达 1.5～8Mbit/s，上行速率则在 640Kbit/s 左右。实际使用中，ADSL 速率主要取决于线路的距离，线路越长，速率越低；也和线径、桥接抽头、环境噪声等有关。

（2）DMT 调制技术

ADSL 常用的调制技术有正交幅度调制（Quadrature Amplitude Modulation，QAM）、无载波幅相调制（Carrierless Amplitude-Phase Modulation，CAP）和离散多音频调制（Discrete Multitone Modulation，DMT）。ITU-T 的 G.992.1 标准采用 DMT 调制技术。下面对 DMT 调制技术做简要阐述。

DMT 将 0Hz～1.104MHz 的频带划分为 256 个独立的子信道，每个子信道的带宽为 4.3125kHz，每个子载波上采用 QAM 调制，如图 3-4 所示。

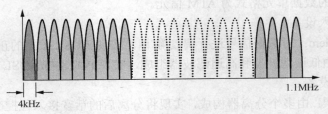

图 3-4　DMT 调制

DMT 理论上可以每赫兹传送 15bit（位）数据。由于电话铜线的质量问题以及外界环境干扰的存在，在不同时刻对不同频率上的信号有不同影响。DMT 调制系统可根据探测到的各子信道的瞬时衰减特性、群时延特性和噪声特性决定这 256 个子信道的传输速率，调整在每个子信道上所调制的比特数，以避开那些噪声太大或损伤太大的子信道，从而实现可靠的通信。一般，子信道的信噪比越大，该信道调制的比特数越多。在性能优良的中间频率子信道一般调制能力均大于每赫兹 10bit；而在低频率或高频率的子信道调制能力降低，最低为 2bit。不能传输数据的信道将被关闭。

当然，DMT 在避开干扰的同时，也牺牲了有效带宽，不过就可靠性而言，是值得的。图 3-5 是在 DMT 调制时，根据信道衰减程度及噪声干扰，对各子信道进行比特分配的示意图。

（3）速率调整方式

DMT 如何为各子信道动态分配比特数呢？下面将简述 ADSL 的两种速度调整方式。

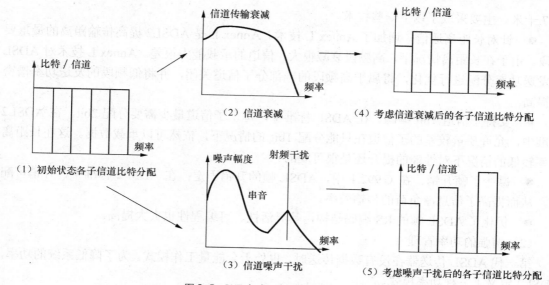

图 3-5　DMT 方式下各子信道的比特分配

① 初始化速率调整

启动初始化阶段，通过收发器训练和信道分析过程，测量各子信道的信噪比，确定各个子信道所调制的比特数、相对功率电平等传输参数，以保证各子信道传输容量和可靠性最优。在通信过程中，将保持恒定速率。如果线路特性发生了变化，为提高系统的可靠性，需要重新进行同步。在通信过程中的这种速率调整方式可能会导致用户的频繁掉线。

② 快速学习过程

在传输过程中当线路质量改变达到一定程度时，为了不使用户的通信中断，可通过快速学习过程来实现传输速率的动态调整。具体做法：当线路质量降低到一定的程度时，马上启动快速学习程序，降低传输速率；而当线路质量提高到一定程度时，启动快速学习程序，提高传输速率。

（4）信道类型

ADSL 为用户提供两类传输通道：交织信道和快速信道。

交织信道对数据进行交织处理，通过将坏的子信道离散开来，重新计算信道，重新排序，提高了抗突发差错的能力，但交织的过程会带来一定的时延。它适合于传输时延不敏感但可靠性要求高的业务，如数据传输。

快速信道不对数据进行交织处理，其时延较小，适合传输实时性要求高、可靠性要求较低的业务，如视频、话音等。

3.1.3　ADSL2、ADSL2+、VDSL 技术简介

1. ADSL2 简介

ADSL2（G.992.3-2002）的频谱与第一代 ADSL 相同。和第一代 ADSL 相比，ADSL2 的新特性、新功能主要体现在速率、距离、稳定性、功率控制、维护管理等方面的改进。

（1）速率与距离的提高

理论上 ADSL2 最高下行速率可达 12Mbit/s，最高上行速率 1.2Mbit/s 左右；传输距离接

近 7 千米。主要采取了以下一些技术。

● 针对长距离通信，增加了 Annex L 技术。Annex L 是 ADSL2 提高传输距离的最重要手段。由于在长距离情况下，高频段衰减很大，信道的承载能力很差。Annex L 技术对 ADSL 的发送功率分配进行优化，将属于高频段的一部分子信道关闭，并将低频段的发送功率谱密度提高。

● 支持子信道 1bit 编码。在 ADSL 标准中，每个子信道最少需要分配 2bit。在 ADSL2 标准中，允许质量较差的子信道在只能分配 1bit 的情况下，依然可以承载数据。这在长距离速率较低的情况下对性能的提升还是很可观的。

● 减少了帧开销。在 G.992.1 中，ADSL 帧的开销固定；在 ADSL2 标准中，开销可配置，从而提高了信息净负荷的传输效率。

● 优化了 ADSL 帧的 RS 编码结构，其灵活性、可编程性也大大提高。

（2）增强的功率管理

第一代 ADSL 传送器在没有数据传送时，也处于全能量工作模式。为了降低系统的功率，ADSL2 定义了三种功率模式。

L0：正常工作下的满功率模式，用于高速率连接。

L2：低功耗模式，用于低速率连接。

L3：休眠模式（空闲模式），用于间断离线。

其中 L2 模式能够通过 ATU-C 依照 ADSL 链路上的流量快速进入或退出低功耗模式来降低发送功率；L3 模式能够使链路在相当长的时间没有使用的情况下（如用户不在线或 ADSL 链路上没有流量）通过 ATU-C 和 ATU-R 进入睡眠模式来进一步降低功耗。

总之，ADSL2 可以根据系统当前的工作状态（高速连接、低速连接、离线等），灵活、快速地转换工作功率，其切换时间可在 3s 之内完成，以保证业务不受影响。

（3）增强的抗噪声能力

ADSL2 通过以下几种技术提高了线路的抗干扰能力。

● 更快的比特交换（bit swap），一旦发现某个传输子通道受到噪声影响，就快速的将其承载的比特转移到信号质量好的子通道。

● 无缝的速率调整（Seam-less Rate Adaptation，SRA），在线路质量发生较大改变时，使系统可以在工作时在没有任何服务中断和比特错误的情况下改变连接的速率。

● 动态的速率分配（DRR），总速率保持不变，但是各个通信路径的速率可以进行重新的分配。例如，一路用于语音通信的路径长时间沉默，分配于它的通讯带宽可用于传送数据的路径。

（4）故障诊断和线路测试

增加了对线路诊断功能的规范，提供比较完整的宽带线路参数。可在线路质量很差而无法激活时，系统自动进入线路诊断模式，进行线路参数测量。

和 ADSL 相比，ADSL2 只是在长距离的时候才能发挥自己的优势，在短距的情况下，其性能和 ADSL 类似。

2．ADSL2+简介

ADSL2+（ITU G.992.5）是在 ADSL2 的基础上发展起来的。其核心内容是拓展了线路的使用频宽：最高调制频点扩展至 2.208MHz 如图 3-6 所示，子载波数达到 512 个； 下行的接入速率理论上可达到 24Mbit/s，上行速率与 ADSL2 相同（1.2Mbit/s）；传输距离与 ADSL2 相同，即 7km。

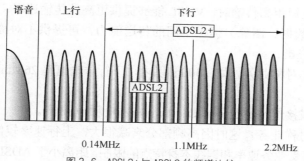

图 3-6 ADSL2+与 ADSL2 的频谱比较

ADSL2+只是在短距离传输时比 ADSL 具有优势，长距离时高频段衰减大，相当于 ADSL2。ADSL2+与 ADSL2 在不同线路长度时的速率比较如图 3-7 所示。

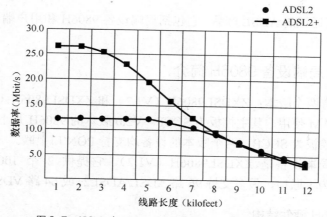

图 3-7 ADSL2+与 ADSL2 在不同传输距离时的速率比较

3. VDSL 简介

VDSL 是 ADSL 技术的发展，是 DSL 中速率最快的接入技术。

（1）VDSL 的频谱划分

VDSL 频带理论范围：300kHz～30MHz，如图 3-8 所示。实际规定的上限频率：12MHz。

上下行频率可根据需要灵活分配（对称/不对称）。但频率越高，线间串扰越大。因此影响 VDSL 稳定性的主要因素是线间串扰。

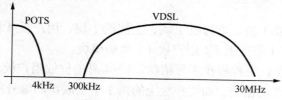

图 3-8 VDSL 的频谱划分

（2）VDSL 的基本特点

与 ADSL 一样，VDSL 通过一条普通的电话线缆，可实现窄带语音业务和高速数据业务同时工作。数据业务不经过程控交换机，直接进入数据网。

相对于 ADSL，在短距离传输时，VDSL 能够提供更高的传输速率，能够灵活的根据不同的业务需求（语音、数据、图象）提供不同的传送能力，可提供不对称和对称业务。VDSL 的应用环境主要分为三类。

● 短距离高速非对称业务。如：300m 以内，下行传输速率 26Mbit/s 以上，主要用于视频传输。

● 中距离对称或接近对称业务。如：1km 左右对称 10Mb/s。

● 较长距离非对称业务。这时因高频部分衰减很大，上行速率较低。

VDSL 的传输距离受业务速率和铜线本身特点的限制，距离小于 ADSL，传输距离为 1～3km（一般在 1.5km 内）。

3.2　中兴 ADSL 产品简介

本实训选用中兴通讯的 ADSL 产品，它包括局端设备 9806H 和用户端设备 ADSL Modem 等，下面分别对其介绍。

3.2.1　ADSL 局端设备 9806H 简介

现网中 9806H 有两个版本：ZXDSL9806H（V1.2）和 ZXDSL9806H（V2.0.）。V1.2 版本的 9806H 作为 DSLAM 使用，其主控板为 SCCF。V2.0 版本的 9806H 是小型化的综合接入设备，支持 VoIP，主控板为 SCCB；两个版本的设备均支持 PON 口上联。

本实训选用的局端设备是 ZXDSL9806H（V1.2），它提供 2 个 100Mb/s 光/电接口或 1000Mb/s 光接口作为上联口，最多支持 96 路 ADSL/ADSL2+或 64 路 VDSL2 用户接入。

1．ZXDSL9806H 硬件结构

ZXDSL9806H 的外形如图 3-9 所示。

ZXDSL9806H 前面板的系统组成如图 3-10 所示。

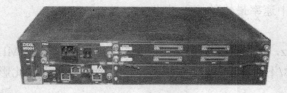

图 3-9　ZXDSL9806H

风扇盒	电源板	用户板 1
		用户板 2
	主控板 5	用户板 3
		用户板 4

图 3-10　ZXDSL9806H 前面板的系统组成示意图

其系统组成包含背板 1 块、电源板 1 块、主控板 1 块、用户板 4 块、风扇模块。最小配置为 1 背板＋1 电源板＋1 主控板＋1 用户板＋1 风扇模块。

9806H 共有 7 个槽位，主控板在 5 号槽位，1～4 号槽位放用户板。单板上各端口编号采用"槽位编号/端口编号"的格式。如主控板上的第 1 个上联口的编号应写为 5/1；1 槽位用户板第 2 端口编号应写为 1/2。

（1）主控板 SCCF

主控板 SCCF 的功能是实现系统控制和交换。它提供 2 个 FE/GE 接口或 1 个 GPON/EPON 接口上联。除上联接口外，SCCF 板还提供：1 个本地维护串口 CONSOLE 口，用于本地超级终端管理；1 个带外网管接口 MGT 口，用于带外网管和设备调试。

本实训选用的一种 SCCF 板，其外观如图 3-11 所示。

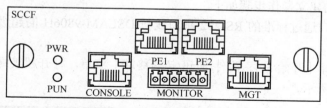

图 3-11 SCCF 板外观示意图

它提供 2 个 FE 接口，1 个 CONSOLE 口，1 个带外网管接口 MGT 口。

（2）主要用户板

用户板位置主要可以安插三种不同的单板，如表 3-1 所示。

表 3-1　　　　　　　　　　　　　　　　　主要用户板

单 板 名 称	ASTEB	ASTDE	VSTDC
对外接口	24 路 ADSL/ADSL2+用户接口和 POTS 接口	16 路 ADSL/ADSL2+用户接口和 POTS 接口	16 路 VDSL2 用户接口和 POTS 接口
基本功能	完成 ADSL/ADSL2+业务的接入，提供从 ATM 信元转换为 IP 信元的功能。内置分离器	完成 ADSL/ADSL2+业务的接入，提供从 ATM 信元转换为 IP 信元的功能。内置分离器	完成 VDSL2 业务的接入，内置分离器
最大传输距离	6.5 km	6.5 km	2.5 km
最大下行速率	24Mbit/s	24Mbit/s	85Mbit/s
最大上行速率	1Mbit/s	1Mbit/s	50Mbit/s

本实训平台选用的用户板是 ASTEB 板，其前面板如图 3-12 所示。

图 3-12 ASTEB 板前面板示意图

该用户板上有两种接口，一个是 PSTN 接口，另一个是 USER 接口。USER 接口将电缆引出接到用户，USER 为 50 针接口，可接 24 路电话线，内置分离器将语音信号分离传至 PSTN 口，经 PSTN 口上传到 PSTN 交换机。

（3）电源板

● 直流电源板 PWDH 采用-48V 直流输入，电压范围-36～-72VDC。提供 3.3V DC-DC 转换输出，并提供-48VDC 输出。

● 交流电源板 PWAH 采用 110V/220V 交流输入，电压范围 85～264VAC。提供 3.3V 输出和提供-48VDC 输出。

2．ZXDSL9806H 的管理方式

（1）串口方式

用本地维护串口线连接维护台 PC 机串口至 SCCF 前面板的 CONSOLE 口，通信软件可使用 Windows 操作系统下的超级终端工具进行。

串口终端环境的建立操作步骤如下。

① 将 PC 机串口通过标准的 RS-232 串口线与 DSLAM-9806H 的超级控制板上的串行配置口 CON 口相连接。

② 在 PC 上选择［开始/程序/附件/通讯/超级终端］菜单，打开超级终端，建立相应的串口连接，如图 3-13 所示。

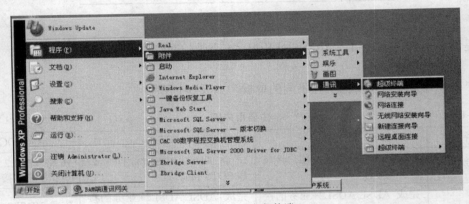

图 3-13　打开超级终端

③ 任意取名后点击确认，进入下一步设置，选择与 DSLAM-9806H 实际连接的标准字符终端或 PC 的串口号，如图 3-14 所示。

④ 单击［确定］后会出现 COM 属性配置框，设置波特率为 9600bit/s（波特率的设置和设备的串口参数的配置一致，系统默认设置为 9600bit/s），数据位为 8，奇偶校验为无，停止位为 1，流量控制为无，如图 3-15 所示。

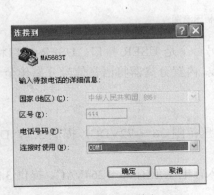

图 3-14　选择 PC 使用的串口

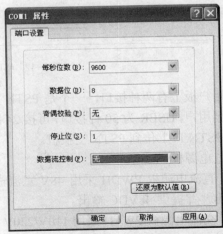

图 3-15　设置 COM 属性

⑤ 单击[确认]，后会出现超级终端界面，即已进入 DSLAM-9806H 系统操作界面，根据提示输入用户名和密码进行用户注册（系统缺省的超级用户名为：admin，密码为：admin），直到出现命令行提示符（如 9806>）。若无用户名和密码提示，点击操作界面上的[挂断]后再[拨号]按回车，若还无法登录，请返回检查参数设置或物理连接，然后重新登录。

（2）远程管理方式

远程管理方式分为带内管理和带外管理两种。ZXDSL9806H 设备在接入网络之前，必须以串口方式通过超级终端设置带外/带内网管的 IP 地址。已知设备 IP 地址时，可以通过 Telnet 登录，实现远程管理。

设备在出厂时已配备默认的带外 IP 地址，用户可按照自己的网络规划修改带外 IP 地址。带内 IP 地址需要用户自己配置。注意，带外管理 IP 和带内管理 IP 必须设置在不同的网段。

3.2.2 用户端设备

本实训的用户端设备包括分离器和 ADSL Modem，如图 3-16 和 3-17 所示。

图 3-16 ADSL Modem　　　　　　　　　　图 3-17 分离器

分离器提供三个接口：一个 "line" 口，用于连接局端电话线；一个 "phone" 口，用于与用户端电话线相连；还有一个 "MODEM" 口，与 ADSL Modem 相连。

ADSL Modem 主要提供两个接口："DSL" 接口，用于插入电话线；"Ethernet" 口，通过网线与用户计算机相连。ADSL Modem 前端有一些指示灯，当插上电源后，"Power" 灯会变亮。若 "DSL" 灯由红色变为绿灯慢闪，表示 Modem 已与 DSLAM 建立同步；"Ethernet" 灯绿灯慢闪表述 Modem 与终端 PC 连接正常。

3.3 宽带接入认证设备简介

3.3.1 宽带接入认证服务器-MydBAS2000 简介

接入认证计费系统对宽带 IP 网络的运营来说是至关重要的。本实训选用的宽带接入服务器 MydBAS2000 是成熟、稳定的接入产品。它解决了目前宽带 IP 网络运营所面临的诸如用户身份认证、带宽控制、多 IP 服务的管理与计费等亟待解决的问题，支持多种计费策略。

MydBAS2000 的外形如图 3-18 所示。

该设备提供 4 个以太口，分别是 WAN 出口、LAN 入口、WLAN 无线接入口，BILL 计

图 3-18 MydBAS2000

费口。WAN 出口连接外部网络，LAN 入口连接内部需要认证计费管理机器，WLAN 无线接入口可以对接无线 AP，BILL 计费口与 Radius 计费系统相连。四个以太网口的默认 IP 地址分别是：

```
WAN 口：192.168.1.191
LAN 口：192.168.2.1/24
WLAN 口：192.168.3.1/24
BILL 口：192.168.4.1/30
```

MydBAS 支持多种方式进行接入认证，一种为 PPPoE 拨号接入，一种为 802.1x 拨号，一种为二层 DHCP WEB Portal 方式，一种是通过二层 MAC 地址认证，还有一种是是三层网络的 Web Portal 方式。

MydBAS 可与 Radius 服务器配合，实现用户的集中认证。

3.3.2 RADIUS 服务器– Mydradius9 简介

Mydradius9 是一套标准的 Radius Server，同时它支持扩展的 VSA 属性对不同厂家的设备进行支持。Mydradius9 的正面如图 3-19 所示。

图 3-19 Mydradius 前视图

该系统具有用户管理、认证、计费等功能。通过 Mydradius9 的管理界面，管理人员可以对受控上网终端进行分配认证账号和密码、该账号的带宽、锁定该账号的上网权限、授权该账号所在的接入的 MydBAS 设备、该账号的上线时间范围、同时登录限制等，同时可以查看账号的认证上线时间、时长、流量、接入点、接入终端的 MAC 地址、掉线原因等参数。

MydBAS 支持 Radius 协议，可以作为 Radius client 与 Mydradius server 进行精密配合，达到控制每个上网终端的精细控制。

Mydradius9 的主要接口均在其背面，如图 3-20 所示。

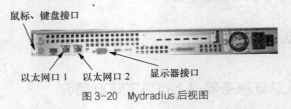

鼠标、键盘接口

以太网口 1   以太网口 2   显示器接口

图 3-20 Mydradius 后视图

对 Mydradius9 的管理有两种方式：一种是直接进行本地配置，此时需外接显示器，并接上鼠标和键盘；另一种是通过以太网口连接管理设备实现远程管理。

3.4 总结

① 本章首先对 DSL 家族中应用最广的 ADSL 技术进行了简介。与所有 DSL 技术一样，ADSL 的信号传输会受到铜线本身传输特性的影响，会产生传输损耗、噪声等，这些因素也

导致 ADSL 无法实现远距离的高宽带接入。ADSL 接入系统包括局端接入设备和用户端接入设备，局端接入设备由 ADSLAM 和分离器机架组成，用户端接入设备由 ADSL Modem 和分离器组成。ADSL 采用 FDM 技术实现了语音与数据的分离，为用户提供了语音、上行数据、下行数据三个信道；采用 DMT 调制技术将频带划分为了 256 个独立的子信道，在每个子信道上采用 QAM 调制；其信道类型包括快速信道和交织信道。作为 ADSL 的后续技术，ADSL2、ADSL2+、VDSL 在速率方面有较大提高，但它们的优势主要体现在短距离通信上。

　　② 然后本章对本实训涉及的 ADSL 设备和宽带接入认证设备进行了介绍。本实训 ADSL 设备选用市场占有率最高的中兴 ADSL 产品，局端选用小型化综合接入设备 ZXDSL9806H（V1.2），用户端选用中兴 ADSL Modem 等。ZXDSL9806H 硬件最小配置为 1 背板＋1 电源板＋1 主控板＋1 用户板＋1 风扇模块，其管理方式包括本地串口管理、远程带外管理、远程带内管理三种方式。宽带接入认证设备分别选用 MydBAS2000 和 Mydradius9，MydBAS2000 可独立，也可与 Mydradius9 一起完成 AAA（认证、授权、计费）功能。

3.5　思考题

　　（1）请简述 ADSL 接入系统的基本结构。

　　（2）与 ADSL 相比，ADSL2、ADSL2+、VDSL 有哪些特点？

　　（3）ZXDSL9806H（V1.2）硬件的最低配置是怎样的？主控板放在哪个槽位，用户板可放于哪些槽位？

　　（4）MydBAS2000 和 Mydradius9 分别是什么设备，有什么功能？

第4章 ADSL基本数据业务配置

4.1 实训目的

- 了解并熟悉 ADSL 实训平台设备组网情况。
- 熟悉并掌握 9806H 基本业务配置命令。

4.2 实训规划（组网、数据）

4.2.1 组网规划

ADSL 实训组网如图 4-1 所示。

组网说明：

本实训平台共有两台 ADSL 局端设备 9806H，分别称为 DSLAM1 和 DSLAM2。

两台 9806H 均采用最低配置：一块主控板，位于 5 号槽位；一块 ADSL 用户板 ASTEB，位于 1 号槽位。每块 ASTEB 板可提供 24 对电话线，本实训只用前 4 对电话线。每对电话线在用户端连接 ADSL Modem，通过 Modem 下挂 ADSL 宽带用户（终端 PC）。ADSL 宽带用户通过 PPPoE 协议拨号上网。

两个 9806H 设备通过主控板上的第一个以太网电上联口，分别与宽带接入服务器 Myd BAS2000 的 LAN 口和 WLAN 口相连。Myd BAS2000 设备通过 WAN 口连至汇聚层交换机，通过汇聚层交换机再经过其他网络设备接入校园网，模拟数据业务上联网络。

Myd BAS2000 设备通过 BILL 口与宽带认证、计费系统 Mydradius9 的网口相连，可实现 BAS+Radius 的组合认证。

对 9806H 的管理采用带外网管方式。两个 9806H 设备均通过主控板上的带外网管接口 MGT 口与汇聚层交换机相连。若干管理 PC 也与汇聚层交换机相连。因此，只要将管理 PC 的 IP 地址配置成与带外网管 PC 在同一网段，即可通过带外网管方式远程访问 9806H。每个 9806H 可支持 4 个 Telnet 用户同时访问。

各设备及各接口的 IP 地址如图 4-1 所示。

此实训平台可支持 8 个小组同时操作，每个小组一台管理 PC，一台终端 PC。

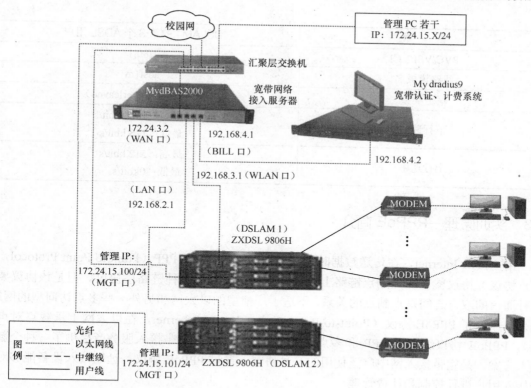

图 4-1　ADSL 实训组网图

关于管理方式的特别说明：

　　设备的管理方式包括本地串口管理和远程管理。远程管理又分为带内管理和带外管理。带内管理是指业务和管理信息走同一通道。而带外管理中，管理信息和业务信息分开，管理信息通过专门的网管接口传输。带内 IP 地址需要用户自己配置；带外 IP 地址在设备出厂时已经配置好了，用户可按照自己的规划对其进行修改。开局时，一般首先通过本地串口方式登录设备，在配置了设备的带内 IP 地址或修改带外 IP 地址后，可通过带内管理或带外管理的方式做远程管理。但由于在本实训本台中只有两台局端设备，是多个组共用一个局端设备，因此不可能按照一般开局步骤那样，让每组学生先用串口方式登录做基本配置后再转为远程管理。我们只能采取带外管理的方式，远程登录至局端设备，做一系列开局操作。基于同样的原因，本书后面的 GPON 和 EPON 实训平台也采取带外网管方式对局端设备进行管理。

4.2.2　数据规划

　　以 DSLAM1 的第 3 个 ADSL 用户的宽带业务开通为例，其数据规划如表 4-1 所示。

表 4-1　　　　　　　　　　　　　　　　**ADSL 宽带业务数据规划**

参　　　数	DSLAM1 的第 3 个 ADSL 用户
DSLAM 的带外网管 IP	172.24.15.100/24
宽带业务 vlan	11
用户侧端口	1/3

续表

参　　数	DSLAM1 的第 3 个 ADSL 用户
PVC/VPI/VCI	1/8/81
线路模板名	adsl1m
信道类型	交织信道（interleaved）
下行速率	最高：1024 kbit/s 最低：128 kbit/s
上行速率	最高：512 kbit/s 最低：0kbit/s

4.3　实训原理—PPPoE 简介

用户接入 Internet，在传送数据时需要数据链路层协议。PPP（Point to Point Protocol，点对点协议）协议就是在点到点链路上承载网络层数据包的一种链路层协议。但是该协议要求进行通信的双方之间是点到点的关系，不适于广播型的以太网和另外一些多点访问型的网络，于是就产生了 PPPoE 协议（Point-to-Point Protocol over Ethernet，在以太网上承载点对点协议）。PPPoE 协议综合了 PPP 和多点广播协议的优点，为宽带接入服务商提供了一种全新的接入方案，是宽带接入网中广泛使用的一种协议。通过 PPPoE 协议，远端接入设备能够对每个接入用户进行控制和计费管理。

PPPoE 协议的工作流程包含发现和会话两个阶段。其中发现阶段是无状态的，目的在于用户主机和接入集中器都获得对方的以太网 MAC 地址，并建立一个唯一的 PPPoE SESSION-ID。发现阶段结束后，就进入第二阶段即 PPP 会话阶段。

4.3.1　发现阶段

在发现（Discovery）阶段中，用户主机会发送广播信息来寻找所连接的所有接入集中器（或交换机），并获得其以太网 MAC 地址，接入集中器同时也获得了用户主机的 MAC 地址。然后选择需要连接的认证服务器（提供 PPPoE 接入服务的主机），并确定所要建立的 PPP 会话标识号码。发现阶段有以下 4 个步骤。

● 主机广播发起分组（PADI）

主机广播发起分组的目的地址为以太网的广播地址 0xffffffffffff，SESSION-ID（会话 ID）字段值为 0x0000。其中 PADI 分组必须至少包含一个服务名称类型的标签，向接入集中器提出所要求提供的服务。

● 接入集中器响应请求

接入集中器收到来自服务范围内的 PADI 分组后，发送 PPPoE 有效发现提供包（PADO）分组，以响应请求。SESSION-ID 字段值仍为 0x0000。PADO 分组必须包含一个接入集中器名称类型的标签，以及一个或多个服务名称类型标签，表明可向主机提供的服务种类。

● 主机选择一个合适的 PADO 分组

主机可能会接收到多个 PADO 分组，经过比较选择一个合适的 PADO 分组，然后向所选择的接入集中器（或交换机）发送 PPPoE 有效发现请求分组（PADR）。SESSION-ID 字段值仍为 Ox0000。PADR 分组必须包含一个服务名称类型标签，确定向接入集线器（或交换机）请求的服务类型。如果主机在规定的时间内没有接收到 PADO，它则会重新发送它的 PADI 分组，并且加倍等待时间。

- 准备开始 PPP 会话

接入集中器收到 PADR 分组后准备开始 PPP 会话，发送一个 PPPoE 有效发现会话确认分组（PADS）。SESSION-ID 字段值为接入集中器所产生的一个唯一的 PPPoE 会话标识号码。PADS 分组也必须包含一个接入集中器名称类型的标签以确认向主机提供的服务。当主机收到PADS 分组确认后，双方就进入 PPP 会话阶段。

4.3.2　会话阶段

发现阶段完成后，就进入了会话阶段。会话阶段首先要建立连接，其次要对用户进行认证，然后给通过认证的用户授权，最后还要给用户分配 IP 地址，这样用户主机就能够访问Internet。

- 建立连接

在发现阶段，用户和接入集中器都已经知道了对方的 MAC 地址，同时也建立了一个唯一的 SESSION-ID，这两个 MAC 地址和 SESSION-ID 是绑定在一起的，双方再进行链路控制协商（LCP），就建立了数据链路层的连接。

- 认证

建立连接后，用户会将自己的身份发送给认证服务器，服务器将对用户的身份进行认证。如果认证成功，认证服务器将对用户授权。如果认证失败，则会给用户反馈验证失败的信息，并返回链路建立阶段。

认证服务器主要有两种，一种是本地认证服务器 BAS，另一种是远程集中认证服务器Radius。在远程集中认证方式中，BAS 相当于一个代理。

最常用的认证协议分为 PAP 和 CHAP 两种，PAP（Password Authentication Protcol，口令认证协议）是一种简单的明文验证方式。用户只需提供用户名和口令，并且用户信息是以明文方式返回。因而这种验证方式是不安全的。CHAP（Challenge Handshake Authentication Protocol，挑战握手协议）是一种三次握手认证协议，能够避免建立连接时传送用户的真实密码。认证服务器向远程用户发送一个挑战口令（challenge），其中包括会话 ID 和一个任意生成的挑战字串。远程客户必须使用 MD5 单向哈希算法返回用户名和加密的挑战口令，会话 ID 以及用户口令，其中用户名以非哈希方式发送。CHAP 是一种密文认证方式，因而比PAP 更安全可靠。

- 授权

用户经过认证后，服务器给用户授权，按照用户申请的类型给用户分配相应的带宽。

- 分配 IP 地址

此阶段，PPPoE 将调用在建立链路时选定的网络控制协议，比如 IPCP（IP 控制协议），然后给接入的用户分配一个动态 IP 地址。这样用户就可以访问 Internet 网络了。在此阶段服务器会对用户进行计费管理。

PPPoE 流程如图 4-2 所示。

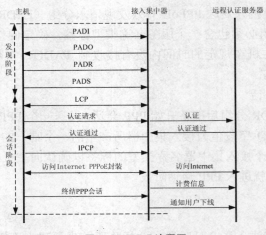

图 4-2　PPPoE 流程图

当用户主机通信完毕时，就会发送终结 PPP 会话数据包。会话结束时一般 PPP 对端应该使用 PPP 自身来终止 PPPoE 会话，但是当 PPP 不能使用时，可以使用 PADT。它可以在会话建立后的任何时候发送。它可以由主机或者接入集中器发送。当对方接收到一个 PADT 分组，就不再允许使用这个会话来发送 PPP 业务。PADT 分组不需要任何标签，SESSION-ID 字段值为需要终止的 PPP 会话的会话标识号码。在发送或接收 PADT 后，即使正常的 PPP 终止分组也不必发送。

用户主机与接入集中器根据在发现阶段所协商的 PPP 会话连接参数进行 PPP 会话。PPPoE 会话开始后，PPP 数据就可以以任何其他的 PPP 封装形式发送。这个过程中的所有的帧都是单播的。PPPoE 会话过程中 SESSION-ID 是不能更改的，必须是发现阶段分配的值。

4.4　实训步骤与记录

步骤 1：认识 DSLAM 设备及 BAS 的系统结构，查看各物理接口的连线情况。

步骤 2：设置各组管理 PC 的静态 IP 地址，与 DSLAM 的带外网管在同一网段，ping 通 DSLAM 的带外网管 IP。

（1）右击"网上邻居"，选择"属性"，进入如图 4-3 所示界面，右击"本地连接"，选择属性。

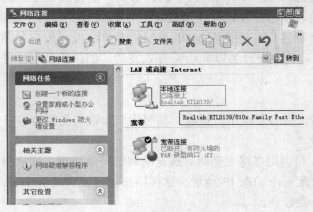

图 4-3　右键单击本地连接

（2）选择"常规"-"Internet 协议（TCP/IP）-"属性"，如图 4-4 所示。

（3）如图 4-5 所示，配置管理 PC 的静态 IP 地址。IP 地址设置好后，单击"确定"。由于 DSLAM1 带外网管 IP 地址为 172.24.15.100/24，DSLAM2 带外网管 IP 地址为 172.24.15.101/24，所以各管理 PC 的 IP 地址也应配置在 172.24.15.0/24 网段。

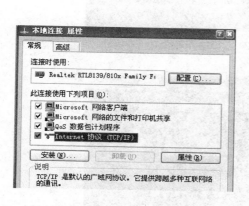
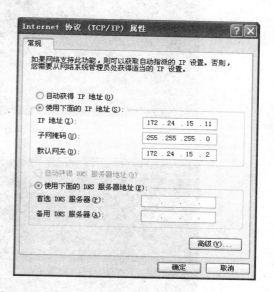

图 4-4　选择 Internet 协议（TCP/IP）　　　　图 4-5　配置管理 PC 的静态 IP 地址

（4）回到 WINDOWS 界面，如图 4-6 及图 4-7 所示，单击屏幕左下角"开始"-"运行"，再输入"cmd"，单击"确定"，进入命令输入界面。

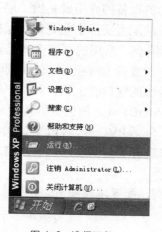
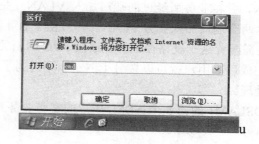

图 4-6　选择运行　　　　　　　图 4-7　输入 cmd

（5）输入"ping 172.24.15.100"，测试能否 ping 通 DSLAM1 带外网管。若能 ping 通，则如图 4-8 所示；若不能 ping 通，请检查 IP 配置。

步骤 3：登录 DSLAM

Ping 通后，在命令输入界面中，输入"telnet 172.24.15.100"，即可登录 DSLAM1，进入 DSLAM1 远程配置模式，如图 4-9 所示。

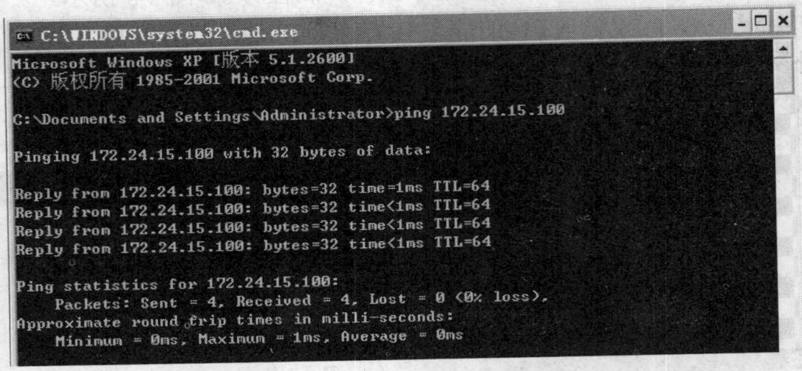

图 4-8   ping 172.24.15.100

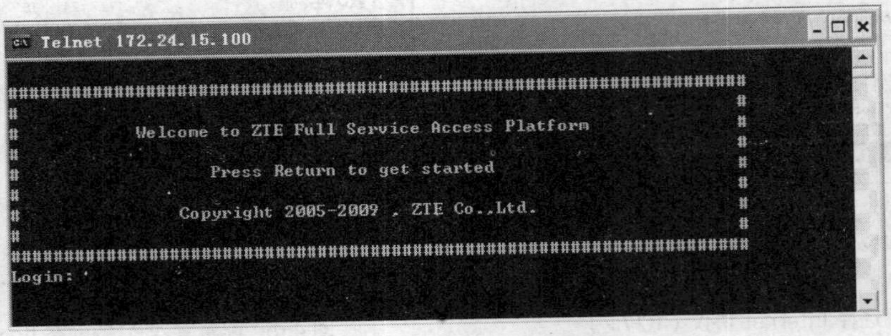

图 4-9   DSLAM1 远程配置模式

步骤 4: 9806H 宽带业务配置

根据 PPPoE 的原理可知, 在用户终端 PC 和 BAS 之间的设备的作用就是做二层 (数据链路层) 透传, 不对 IP 包进行简析, 因此我们对接入网设备的配置实际上就是做二层的配置。一般, 为了避免用户间的相互干扰, 我们需要对用户进行隔离, 常用的隔离方式是让用户业务分别在不同的 VLAN 中传递。所以, 要实现 ADSL 用户的宽带上网业务, 就是要给用户划分 VLAN, 并将业务所经过的端口加入 VLAN。业务所经过的端口有上联口和用户侧接口, 需要将这两个端口加入业务 VLAN。另外, 由于 DSLAM 和 MODEM 之间的数据传输采用 ATM 方式, 还需配置这一段路径上的虚连接 PVC 的相关信息, 包括 PVC 号, VPI/VCI 的编号。这些配置完成后, 用户就可以拨号上网了。不过为了对用户进行更好的管理, 就还需对用户进行限速处理。

以 DSLAM1 的第 3 个 ADSL 用户的宽带业务开通为例, 配置步骤如下。

```
//Step 1:进入配置模式
login:admin  //输入登录用户名: admin
password:admin //输入登录密码: admin。注意:屏幕不会有任何符号显示,只管输入密码即可
9806>enable  //进入全局模式
Password:admin
9806#     //全局模式
9806#config   //从全局模式进入配置模式
9806(config)#  //配置模式
```

说明: 本实训的命令模式有三种, 如表 4-2 所示。

表 4-2　　　　　　　　　　　　　　　　本实训的命令模式

模 式 名 称	进入模式命令	提 示 符
全局模式		9806>，9806#
全局配置模式	Config	9806(config)#
ADSL 端口配置模式	interface adsl 端口号	9806(cfg-if-adsl-端口号)#

//Step 2:创建 VLAN，上联口和用户侧接口加入业务 vlan
9806(config)# add-vlan 11　//创建业务 vlan 11，11 是分配给用户的业务 vlan 号
9806(config)# vlan 11 5/1　tag　//将上联口 5/1 加入业务 vlan 11，打上标签 tag
9806(config)# vlan 11 1/3 untag pvc 1 //将用户端口 1/3 加入业务 vlan 11，去掉标签 untag，3 是用户线号
（注：相关的查询或删除命令：
显示系统的运行配置信息 : show running-config
显示所有单板信息: show card
查询所有 vlan、特定 vlan: show vlan 11（查看 VLAN11，不填 vlan 号则显示所有 vlan）
删除特定 vlan 中的特定用户端口：9806(config)#no vlan 11 1/3 pvc 1　//1/3:槽位号/端口号，pvc 1 指该端口的 1 号 PVC
删除特定 vlan 中的上联端口：9806(config)#no vlan 11 5/1
删除特定 vlan: 9806(config)#no add-vlan 11 //删除 vlan 11。注意：必须先删除 vlan 中的所有端口，才能删除 vlan）

//Step3:配置用户端口参数-ATM 相关参数配置
9806(config)#interface adsl 1/3　//进入端口配置模式，具体端口为 1/3
9806(cfg-if-adsl-1/6)#pvid 11 pvc 1　//配置端口的默认 vlan 号 PVID
9806(cfg-if-adsl-1/6)#atm pvc 1 vpi 8 vci 81 //设置端口的 PVC（vpi/vci）(atm pvc)
9806(cfg-if-adsl-1/6)#exit　//退回上一级模式

//Step4:端口限速（线路模板）：
9806(config)#adsl-profile adsl1m　//创建线路模版 adsl1m，线路模板实际为多个线路配置参数的集合
9806(config)#adsl-profile adsl1m　//修改模版参数 adsl1m

说明：模板参数分为两大类，根据参数的前缀区分：前缀为 Atuc 表示下行方向的参数；前缀为 Atur 表示上行方向的参数。每个参数后面方括号内为默认取值，若不修改，直接回车则显示下一条参数；需要修改，在后面输入新的值再回车即可。

一般，只需要修改模板中的几个参数值，其他值都保持不变。需要修改的几个参数值是：信道类型，是快速信道还是交织信道；相应信道方式下下行方向的最大、最小速率以及上行方向的最大、最小速率，共 5 个参数。

```
AtucConfRateMode(1-fixed,2-adaptAtStartup,3-adaptAtRuntime):[2]
AtucConfRateChanRatio(0..100):[0]
AtucConfTargetSnrMgn(0..310(0.1dB)):[80]
AtucConfMaxSnrMgn(80..310(0.1dB)):[310]
AtucConfMinSnrMgn(0..80(0.1dB)):[0]
AtucConfDownshiftSnrMgn(0..310):[0]
AtucConfUpshiftSnrMgn(0..310):[0]
```

```
AtucConfMinUpshiftTime(0..16383):[0]
AtucConfMinDownshiftTime(0..16383):[0]
ConfProfileLineType(1-fast-only,2-interleaved-only):[2]2    //两种信道类型：快速信道
fast和交织信道interleaved,本实训选择2,交织信道
AtucChanConfFastMaxTxRate(0..102400kbps):[1024]2048
AtucChanConfFastMinTxRate(0..2400kbps):[0]
AtucChanConfInterleaveMaxTxRate(0..102400kbps):[1024]1024  //交织信道下行最高速率
1024Kbps,不填,则默认为[]里的1024kbps
AtucChanConfInterleaveMinTxRate(0..2400kbps):[0]128          //交织信道下行最低速
率128Kbps
AtucChanConfMaxInterleaveDelay(0..255ms):[16]              //交织信道下行时延默认
为16ms
AturConfRateMode(1-fixed,2-adaptAtStartup,3-adaptAtRuntime):[2]
AturConfRateChanRatio(0..100):[0]
AturConfTargetSnrMgn(0..310(0.1dB)):[80]
AturConfMaxSnrMgn(80..310(0.1dB)):[310]
AturConfMinSnrMgn(0..80(0.1dB)):[0]
AturConfDownshiftSnrMgn(0..310(0.1dB)):[0]
AturConfUpshiftSnrMgn(0..310(0.1dB)):[0]
AturConfMinUpshiftTime(0..16383):[0]
AturConfMinDownshiftTime(0..16383):[0]
AturChanConfFastMaxTxRate(0..10240kbps):[512]
AturChanConfFastMinTxRate(0..512kbps):[0]
AturChanConfInterleaveMaxTxRate(0..10240kbps):[512]       //交织信道上行行最高速率:
512kbps
AturChanConfInterleaveMinTxRate(0..512kbps):[0]          //交织信道上行行最低速率,默认为0
AturChanConfMaxInterleaveDelay(0..255ms):[16]           //交织信道上行时延默认是16ms
AtucDMTConfFreqBinsOperType(1-open,2-cancel):[2]
AturDMTConfFreqBinsOperType(1-open,2-cancel):[2]
LineDMTConfEOC(1-byte ,2-streaming ):[1]
LineDMTConfTrellis(1-on,2-off):[1]
AtucConfMaxBitsPerBin(0..15):[15]
AtucConfTxStartBin(6..511):[32]
AtucConfTxEndBin(32..511):[511]
AtucConfRxStartBin(6..63):[6]
AtucConfRxEndBin(6..63):[31]
AtucConfUseCustomBins(1-on,2-off):[2]
AtucConfDnBitSwap(1-on,2-off):[2]
AtucConfUpBitSwap(1-on,2-off):[2]
AtucConfREADSL2Enable(1-on,2-off):[2]
AtucConfPsdMaskType(1-DMT_PSD_MSK,2-ADSL2_PSD_MSK,3-
ADSL2_READSL_WIDE_PSD_MSK,4-
ADSL2_READSL_NARROW_PSD_MSK):[2]
AtucConfPMMode(1-DISABLE,2-L2_ENABLE,3-L3_ENABLE,4-L3_ENABLE | L2_ENABLE):
[1]
AtucConfPML0Time(0..255s):[240]
AtucConfPML2Time(0..255s):[120]
```

```
AtucConfPML2ATPR(0..31db):[3]
AtucConfPML2Rate(512..1024kbps):[512]
```
Press M or m key to modify, or the other key to complete?[C]　//输入 "M" 或 "m"
则继续修改模板，输入其他键则表示修改完成并退出

```
9806(config)#interface adsl 1/3    //进入端口配置模式，具体端口为1/3
9806(cfg-if-adsl-1/6)#adsl profile adsl1m  //应用模版 adsl1m
9806(cfg-if-adsl-1/6)#end  //end 命令，直接进入全局模式
```
(注：相关的查询或删除命令：
显示所有模板信息：show adsl profile
显示特定模板信息：show adsl profile 模板名称
删除特定端口的线路模板：9806(cfg-if-adsl-1/6)#no adsl profile
删除特定线路模板 adsl profile：9806(config)#no adsl-profile adsl1m //该线路模板名为
adsl1m，注意：必须先删除相应端口中的线路模板，才能删除特定线路模板）

```
//Step5:保存并退出
9806#save  //保存数据，需要一段时间
9806#logout  //退出登录
y
```
(注：
保存数据命令：save 或者 copy running-config startup-config
退出登录命令：logout 或者 quit)

步骤 5：拨号测试

（1）电话线与 Modem 相连：DSLAM 出来的电话线插入 Adsl Modem 的 "DSL" 口。

（2）Modem 与测试 pc 相连：用一根网线将终端 PC 与 Adsl Modem 的 "Ethernet" 口相连。

（3）打开 Modem 电源，观察 "DSL" 灯及 "Ethernet" 灯是否正常。

（4）在桌面创建 "宽带连接"。步骤如下。

1）右键单击 "网上邻居"，选择 "属性"，进入如图 4-10 所示的界面，选择 "创建一个新的连接"。

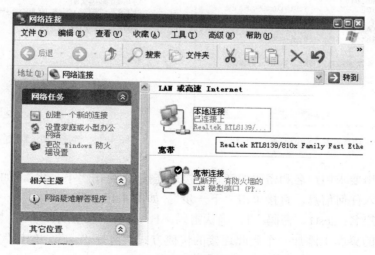

图 4-10　选择宽带连接

2）单击"下一步"，如图 4-11 所示。

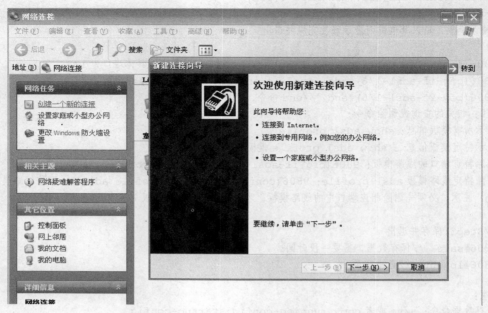

图 4-11 单击下一步

3）选择"连接到 Internet"，单击"下一步"，如图 4-12 所示。

4）选择"手动设置我的连接"，单击"下一步"，如图 4-13 所示。

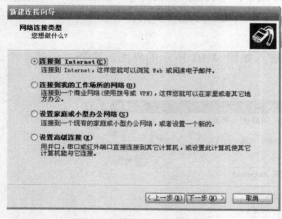

图 4-12 选择连接到 Internet

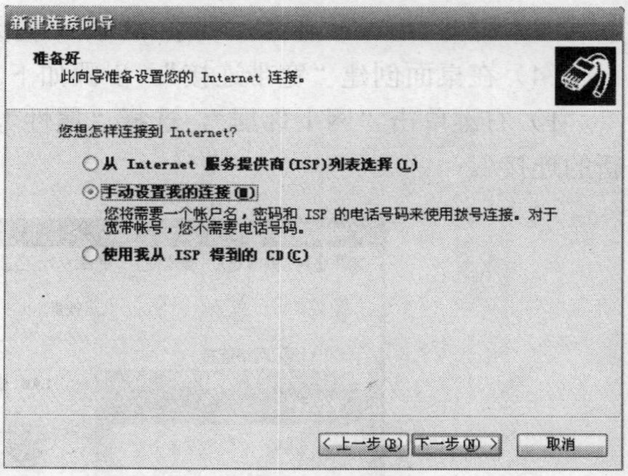

图 4-13 选择手动设置我的连接

5）选择"用要求用户名和密码的宽带连接来连接"，单击"下一步"，如图 4-14 所示。

6）不用输入任何信息，直接单击"下一步"，如图 4-15 所示。

7）输入用户名：test1，密码：1，确认密码：1，如图 4-16 所示，单击"下一步"。

8）在"我的桌面上添加一个到此连接的快捷方式"前打"√"，单击"完成"即可，如图 4-17 所示。

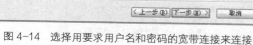

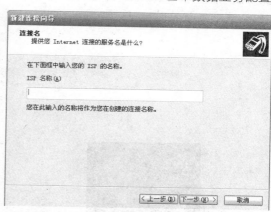

图 4-14　选择用要求用户名和密码的宽带连接来连接　　　　　图 4-15　单击下一步

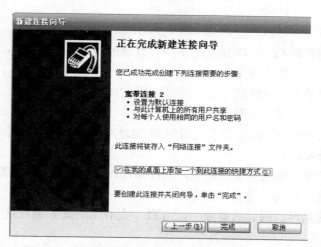

图 4-16　输入用户名及密码

图 4-17　选择在我的桌面上添加一个到此连接的快捷方式

9)　拨号测试：如图 4-18 所示，双击桌面的"宽带连接"，进入如图 4-19 所示界面，单击"连接"看能否连接上网络。

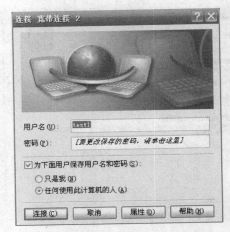

图 4-18　双击宽带连接图标　　　　　图 4-19　连接测试

（5）查看上网后用户 PC 获得的 IP：单击"运行"-输入"cmd"，单击"确定"-在命令行输入界面中输入命令：ipconfig，查看获得的 IP 地址是多少。

4.5　总结

①　通过本次实训，了解 PPPoE 的基本过程，熟悉了 9806H 设备的系统结构，加深了对 ADSL 体系架构的理解，掌握了 ADSL 数据业务开通的基本命令。

②　通过本次实训，也掌握了一些基本的网络操作知识，包括：主机 IP 地址的配置、主机 IP 地址的查询命令 ipconfig、ping 命令和 telnet 命令的使用、宽带连接的创建等，这将为后续的实训打下坚实的基础。

4.6　思考题

（1）本组操作的管理 PC 的 IP 地址是多少，管理的是几号 DSLAM，其带外 IP 地址是多少？用户线是几号？写出用户编号。

（2）本实训使用的 DSLAM 的上联口在哪个槽位？端口号是多少？

（3）本组创建的线路模板名是什么？

（4）拨号测试后通过 ipconfig 命令查看的 IP 地址有哪些？哪个地址是拨号后获得的？该地址是由哪个设备分配的？

（5）若要删除本组的宽带业务的配置，怎样操作？请写出完整的删除命令。

（6）若拨号测试不成功，该怎样检查？

（7）ping 测试成功时，回显的参数中，"TTL"是什么含义？通过这个参数的值我们可以获得哪些信息？

第 5 章 MydBAS与RADIUS配置

5.1 实训目的

- 加深对宽带拨号协议 PPPoE 的理解，体会"本地认证"和"集中认证"的不同之处。
- 掌握 MydBAS 与 RADIUS 设备的基本配置过程。

5.2 实训规划（组网、数据）

5.2.1 组网规划

Myd BAS 与 RADIUS 配置实训组网规划如图 5-1 所示。

组网说明：

用网线将管理 PC（对 BAS 及 RADIUS 进行配置）与 MydBAS 设备的 LAN 口相连，本地管理 PC 通过远程 Web 页面方式登录 MydBAS 设备进行配置。

鉴于设备的限制，本实训只能同时允许一个实训组操作。

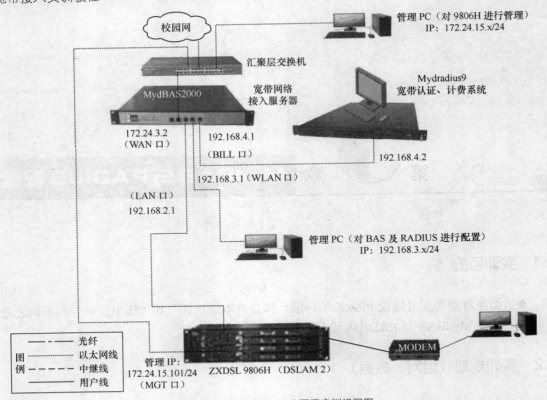

图 5-1 MydBAS 与 RADIUS 配置实训组网图

5.2.2 数据规划

MydBAS 与 RADIUS 配置数据规划如表 5-1 所示。

表 5-1   **MydBAS 与 RADIUS 配置数据规划**

	WAN	IP：172.24.3.2/24；网关：172.24.3.1
MydBAS 各网口	LAN	IP：192.168.2.1/24 允许通过的 vlan：11
	WLAN	IP：192.168.3.1/24
	BILL	IP：192.168.4.1/30
Radius 服务器	网关：192.168.4.1；密钥：testing123 新开户用户名：test1234；密码：1234	
PPPoE 参数	IP 地址池：10.11.0.0；子网掩码全 1 的长度：20；允许的 PPPoE 用户数：1024PPPoE 服务器地址：10.10.0.1 用户名：test1；密码：1；同一账号允许登录次数：20	
	需要 radius 参与时，还包含以下参数： RADIUS 密码认证方式：PAP 方式 RADIUS 服务器地址：192.168.4.2；认证端口：1812；记账端口：1813 RADIUS 共享密钥：testing123	

5.3 实训原理

根据前一章节对 PPPoE 协议的讲解，我们知道认证方式主要有两种：本地认证和集中认证。本地认证是指在每个接入点都放置 BAS 接入设备，对用户的认证、授权、计费等功能全部在 BAS 设备实现，不需要 RADIUS 服务器的参与；集中认证是 BAS 与 RADIUS 协作完成，即在每个接入点都放置 BAS 接入设备，总部放置 RADIUS 认证计费控制中心，RADIUS 通过控制每个点的 DBAS 接入设备，从而控制 BAS 下所有的网络终端。RADIUS 负责用户资料、权限、计费的控制，BAS 负责用户的网络资源（IP 地址分配、路由策略、带宽控制等）。

为使同学们更深入理解宽带接入认证方式，本实训对两种方式都进行配置。

5.4 实训步骤与记录

5.4.1 采用本地认证方式

采用本地认证方式时，仅需对 BAS 设备进行配置。

1. 登录 BAS

将管理 PC（管理 PC 用于对 BAS 及 RADIUS 进行配置）的 IP 地址配置在 192.168.3.X/24（与 WLAN 口的 IP 地址在同一网段），在 CMD 模式下 ping 通 192.168.3.1 后，打开浏览器，在地址栏输入：http: //192.168.3.1，弹出窗口如图 5-2 所示，输入默认用户名：admin，默认密码：diway。

登录成功后，将进入系统的基本概览界面，如图 5-3 所示，显示系统的名称、版本、运行时间、NAT 状态表数、CPU、内存、交换区、存储盘的使用情况。

管理系统左侧为功能菜单，右侧上部为操作状态提示，中部为操作界面，底部为系统版权信息。

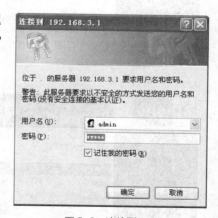

图 5-2 连接到 BAS

2. 设置 WAN 口地址和外网对接

（1）选择管理界面左侧菜单栏：网络接口→WAN 接口，进入 WAN 接口基本信息配置界面，如图 5-4 所示。修改静态 IP 设置：IP 地址：172.24.3.2/24，网关：172.24.3.1。然后单击"保存"按钮保存。

（2）测试：选择左侧"诊断→ping 调试"，选择从 WAN 口 ping，主机处分别输入网关地址 172.24.3.1 和校园网中某一网站地址，网络接口选择 WAN 口，分别测试能否 ping 通网关 172.24.3.1 以及能否与校园网相连，如图 5-5 所示。

图 5-3　BAS 的 Web 管理界面

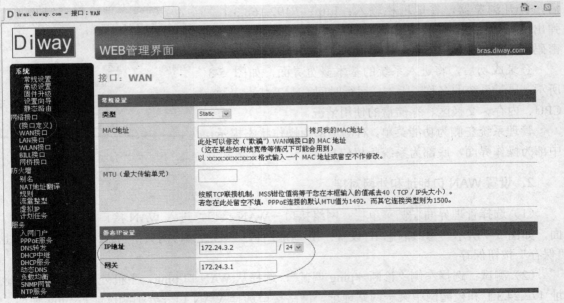

图 5-4　配置 WAN 接口的静态 IP 地址

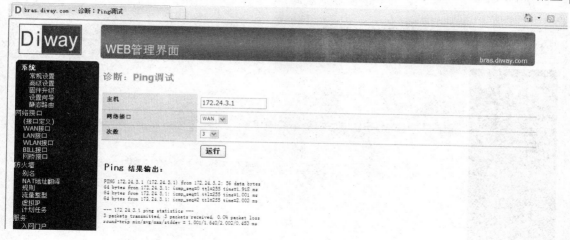

图 5-5　Ping 测试

3. 配置其他以太网口 VLAN 属性

（1）查看接口定义：单击左侧菜单栏网络接口→接口定义，查看各接口的编号及 mac 地址，如图 5-6 所示。

图 5-6　查看接口定义

通过该界面可以了解到各接口的编号：LAN 口是 em2，WAN 口是 em3，WLAN 口是 em1，BILL 口是 em0。这个编号在为接口指派 VLAN 时有用。

根据需要可以增加或者删除菜单上的接口，窗口右侧的 代表删除该接口，代表添加新接口，本实训不进行接口的增减操作。

（2）为以太网口指派 VLAN。根据数据规划，应把 LAN 口加入 vlan11。在查看接口定义界面中，选择 "VLANS" 选项后，单击窗口右侧的，如图 5-7 所示。

在如图 5-8 所示界面中，选择父接口为 em2（父接口指要为其添加 VLAN 的接口。通过前面查看接口定义时知道 LAN 口编号为 em2），VLAN 标签填写要加入的 VLAN 号。然后单击保存。

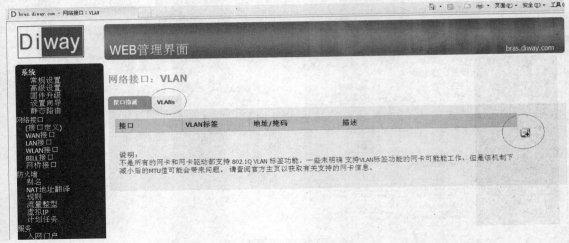

图 5-7　选择 VLAN 选项

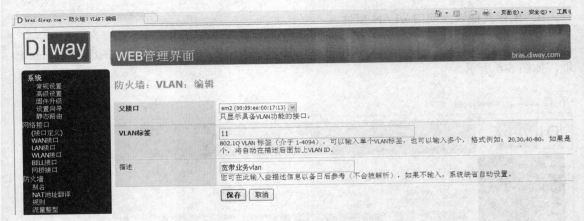

图 5-8　为接口指派 VLAN

单击保存后将显示如图 5-9 所示的界面。此时还需单击"应用更改"按钮使更改生效。

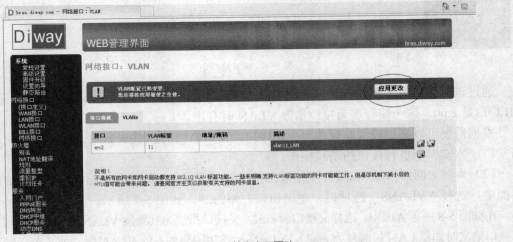

图 5-9　单击应用更改

若需查看或修改相关信息，可单击右侧的 **e** 按钮。

可将一个接口加入多个 VLAN 中，步骤同上。若需对其他接口配置 VLAN 信息，方法相同，不再赘述。

4. 配置 PPPoE 服务

（1）选择左侧菜单栏服务——PPPoE 服务，选择"设置"，选中"开启 PPPoE 服务器"，在接口选项中选择开启 PPPoE 服务的接口，选项中包括实接口和 VLAN 接口。本例中应选择"LAN"（允许直接下挂未配置 VLAN 属性的设备，如终端 PC 启用 PPPoE 拨号上网）和"vlan11_LAN"（允许配置了 vlan11 属性的设备启用 PPPoE 拨号上网）标签两个接口。"vlan11_LAN"是我们前面为 LAN 口指派的 VLAN 号，如图 5-10 所示。

图 5-10　配置 PPPoE 服务（一）

（2）在如图 5-10 同一界面中，配置 IP 地址池的地址范围、子网掩码、PPPoE 用户数量及是否启用 RADIUS 服务器以及与 RADIUS 相关的各种信息，如图 5-11 所示。

图 5-11　配置 PPPoE 服务（二）

由于本例不需要 RADIUS 参与认证，故所有与 RADIUS 相关的选项全部不需要选择及配置。

若选中界面中启用 VLAN 地址池，系统将自动使用 VLAN 接口的地址子网作为用户的地址分配池，本例中不选。

（3）配置允许同一账号登录的用户数量，单击"保存"。现网中，该参数一般是"1"，在本实训环境下，为方便起见，可允许多个实训小组共用一个账号，如图 5-12 所示。

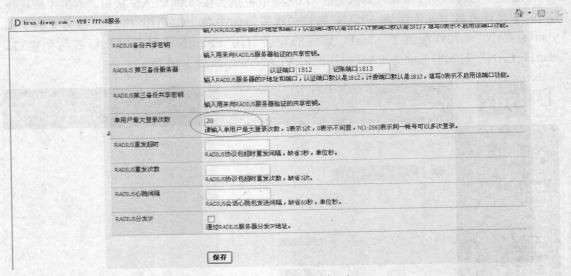

图 5-12　配置 PPPoE（三）

（4）选择 PPPoE 服务→用户，单击右侧的配置用户名、密码、带宽属性等信息，如图 5-13 所示。

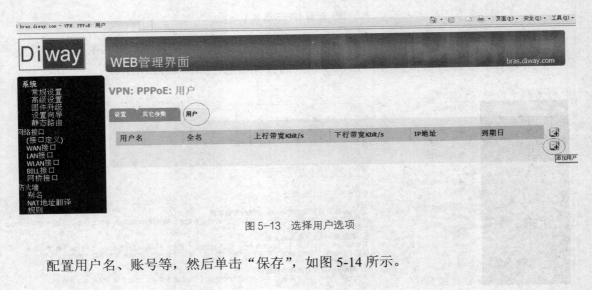

图 5-13　选择用户选项

配置用户名、账号等，然后单击"保存"，如图 5-14 所示。

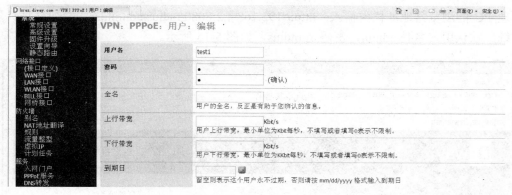

图 5-14　配置 PPPoE 用户

5．拨号测试

（1）测试直接下挂 PC 能够拨号上网（测试实接口是否开启 PPPoE 服务）。

将 PC 用网线与 BAS 的 LAN 相连，单击"宽带连接"，输入账号"test1"及密码"1"，看能否拨号上校园网。

（2）测试配置了 VLAN 属性的用户能否拨号上网（即测试相应的 VLAN 接口是否开启了 PPPoE 服务）。

在 LAN 接口下挂 9806H，9806H 再通过用户线下挂 ADSL Modem，通过 ADSL MODEM 下挂一 PC，如"ADSL 基本宽带业务配置实训"所述步骤，配置的业务 vlan 为 11，对 9806H 进行正确配置后，看下挂的 PC 能否拨号上网。

（3）查看拨号上网后的 PC 获得的 IP 地址。

（4）尝试在 PPPoE 界面中（见图 5-11），选中启用 VLAN 地址池——VLAN 接口将自动使用 VLAN 的子网作为地址池，并为 VLAN 接口配置 IP 地址（见图 5-9，单击相应的 VLAN 接口右侧的，可配置 VLAN 接口的 IP 地址及掩码），再进行拨号测试，查看拨号上网后 PC 获得的 IP 地址有什么变化。

5.4.2　采用集中认证方式

采用集中认证方式时，除了在 BAS 设备上进行配置外，还需登录 RADIUS 设备进行相关配置。

准备工作：将 RADIUS 的 eth0 接口（以太网口 1）的 IP 地址设置为：192.168.4.2/30，此步骤由老师完成。具体步骤简述如下。

将 PC 的 IP 地址设为：192.168.1.x/24，x 可取 2～254 中任意值，将 PC 与 RADIUS 的 eth0 口相连，在浏览器地址栏处输入：http://192.168.1.1/radius/admin.jsp，登录认证计费管理系统，默认用户名是 admin，密码是 radius。

进入系统后，选择：系统→网络接口，会出现网络接口列表界面。单击"eth0"，修改其 IP 地址为 192.168.4.2/30，修改完毕后单击"修改网络接口"按钮，返回网络接口列表界面，可看到 eth0 接口的 IP 地址及子网掩码信息已被修改成规划值。

1．登录认证计费管理系统

管理 PC 的 IP 地址配置成：192.168.3.x/24 网段，将管理 PC 与 BAS 的 WLAN 口相连。

在管理 PC 的浏览器地址栏内输入：http://192.168.4.2:8080/radius/admin.jsp，登录认证计费管理系统，默认用户名是 admin，密码是 radius，如图 5-15 所示。

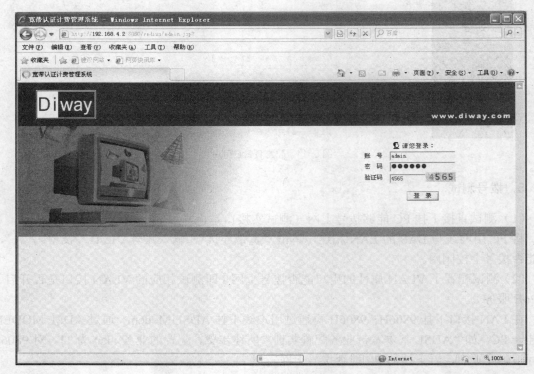

图 5-15　登录 RADIUS 设备

2. 设置网关

此步骤用于设置与 radius 服务器通信的 BAS 的地址。

选择：设置→网关设置，显示出已有的网关地址，如图 5-16 所示。

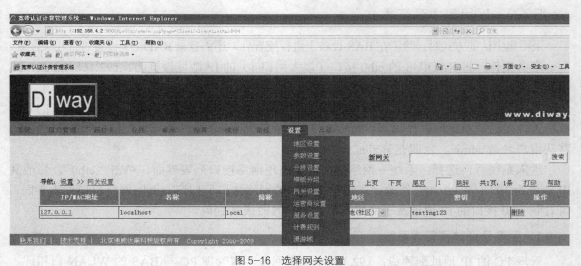

图 5-16　选择网关设置

在图 5-16 中，单击"新网关"，配置新的网关。设置网关地址：192.168.4.1，网关名称：bas，简称：bas，地区：选择"本地/本地/本地（社区）"，输入通信密钥：testing123，输入完毕后单击"新网关"按钮，保存返回主窗口，如图 5-17 所示。

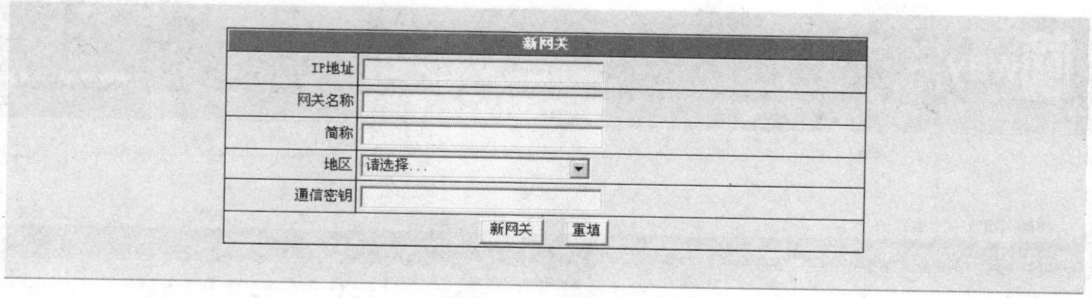

图 5-17　配置新网关

3. 设置带宽授权策略

选择：高级→带宽授权，出现带宽授权策略列表，如图 5-18 所示。

图 5-18　选择宽带授权

单击"新策略"，会弹出一个对话框，可进行新的带宽策略配置。配置完后，单击"新策略"按钮返回，如图 5-19 所示。

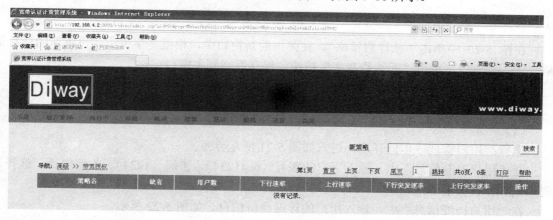

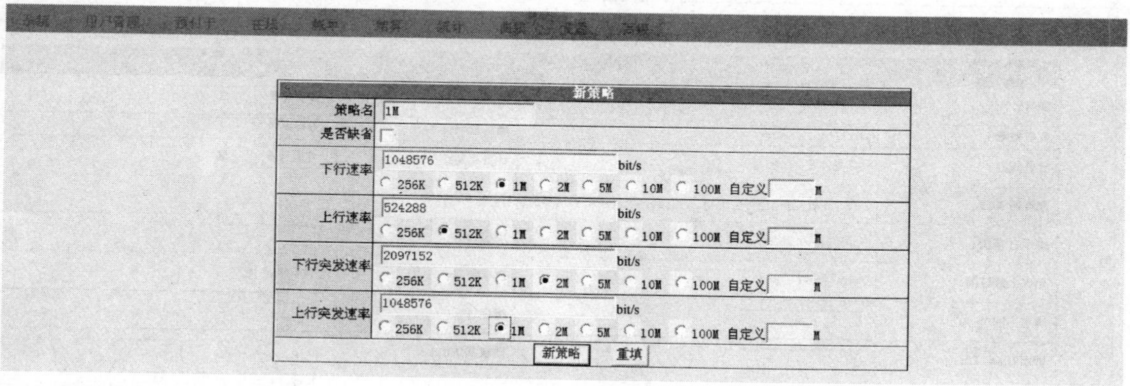

图 5-19　配置新的带宽策略

4. 设置计费规则

选择：设置→计费规则，出现计费规则列表，如图 5-20 所示。

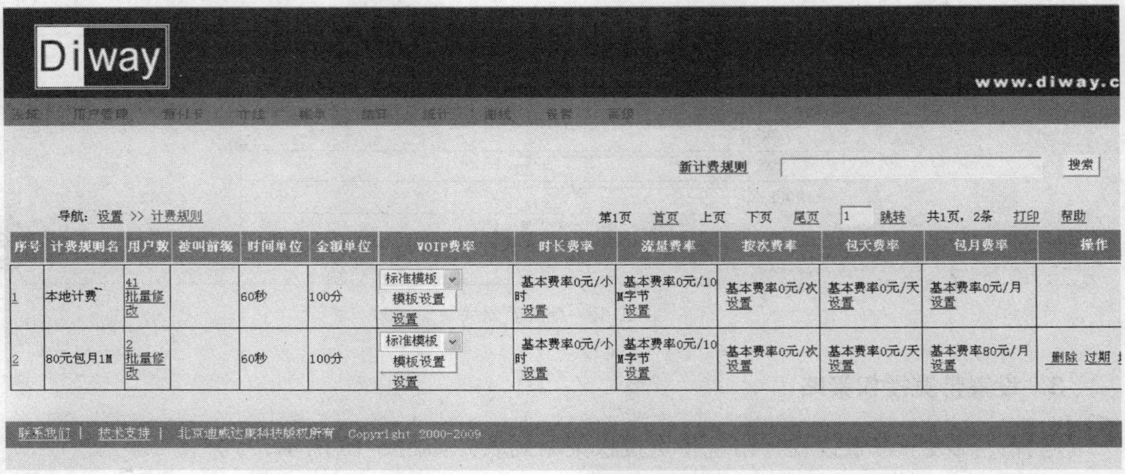
Diway
www.diway.c
新计费规则
搜索
导航：设置 >> 计费规则
第1页 首页 上页 下页 尾页 1 跳转 共1页，2条 打印 帮助
序号 计费规则名 用户数 被叫前缀 时间单位 金额单位 VOIP费率 时长费率 流量费率 按次费率 包天费率 包月费率 操作
1 本地计费 41 批量修改 60秒 100分 标准模板 模板设置 设置 基本费率0元/小时 设置 基本费率0元/10M字节 设置 基本费率0元/次 设置 基本费率0元/天 设置 基本费率0元/月 设置
2 80元包月1M 2 批量修改 60秒 100分 标准模板 模板设置 设置 基本费率0元/小时 设置 基本费率0元/10M字节 设置 基本费率0元/次 设置 基本费率0元/天 设置 基本费率80元/月 设置 删除 过期
联系我们 | 技术支持 | 北京迪威达康科技版权所有 Copyright 2000-2009

图 5-20　选择计费规则

在图 5-20 中单击“新计费策略”，在弹出的新窗口中，根据文字说明，设置新的计费策略，输入完毕后，单击“新计费费率”按钮，保存返回到主窗口。

5. 开户

（1）申请开户

选择：用户管理→申请开户，进入如图 5-21 所示界面。

在“用户控制信息”中，输入用户的账号（test1234）、密码（1234）、收费电话，选择计费规则和计费类别等信息。

在“用户详细信息”中，输入用户的详细身份信息，如图 5-22 所示。

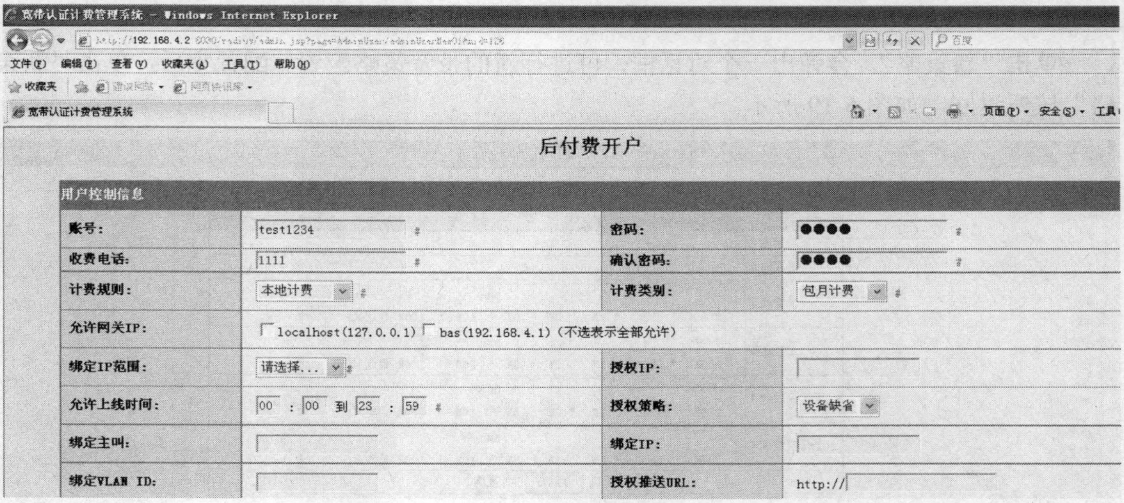
宽带认证计费管理系统 - Windows Internet Explorer
文件(F) 编辑(E) 查看(V) 收藏夹(A) 工具(T) 帮助(H)
收藏夹
宽带认证计费管理系统
后付费开户
用户控制信息
账号： test1234
密码： ●●●●
收费电话： 1111
确认密码： ●●●●
计费规则： 本地计费
计费类别： 包月计费
允许网关IP： localhost(127.0.0.1) bas(192.168.4.1) (不选表示全部允许)
绑定IP范围： 请选择...
授权IP：
允许上线时间： 00 : 00 到 23 : 59
授权策略： 设备缺省
绑定主叫：
绑定IP：
绑定VLAN ID：
授权推送URL： http://

图 5-21　申请开户（一）

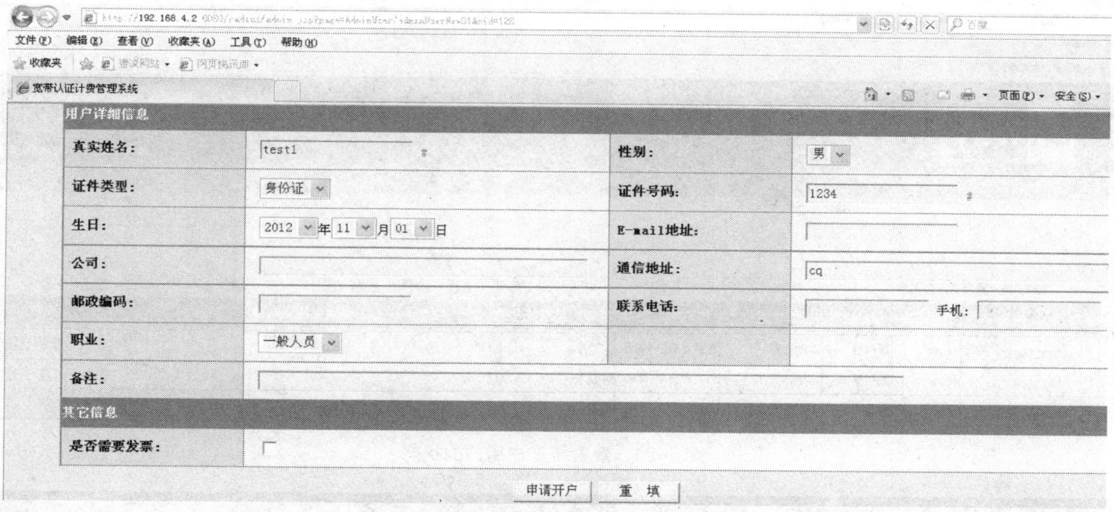

图 5-22　申请开户（二）

输入完毕后，单击"申请开户"按钮，会显示新开户用户的信息，如图 5-23 所示。

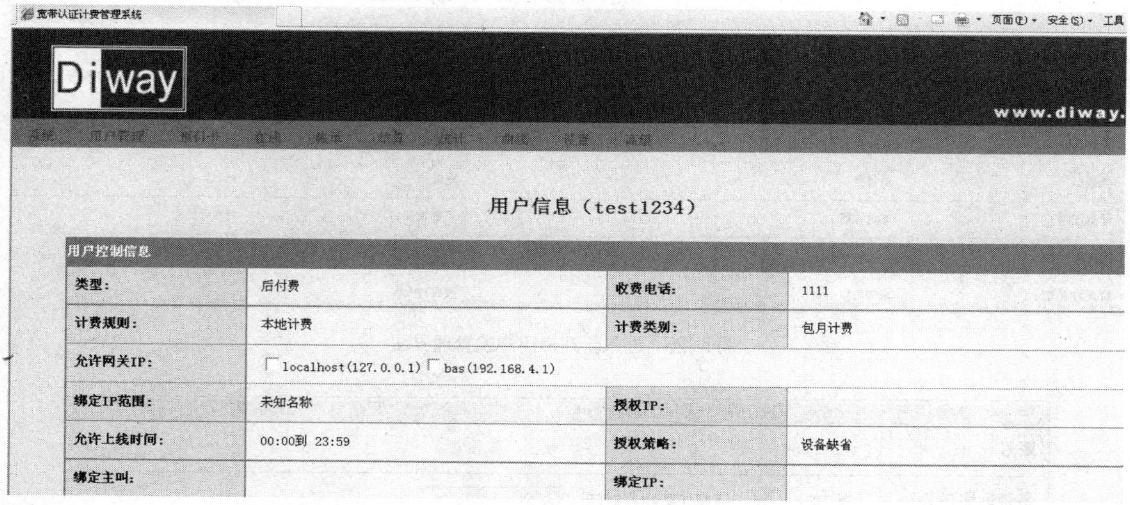

图 5-23　新开户用户信息

（2）解锁

选择：用户管理→后付费，出现一个后付费用户的列表，如图 5-24 所示。可以看出，刚才我们新开户的用户"test234"状态为"未开通"。

单击"test123"对应的"管理"选项中对应的"管理"超级连接，进入如图 5-25 所示界面。

单击"解锁"，弹出一个对话框，如图 5-26 设置后，单击"更改"按钮，返回该用户的详细信息界面，可以看到，该用户的状态已变为"解锁"。

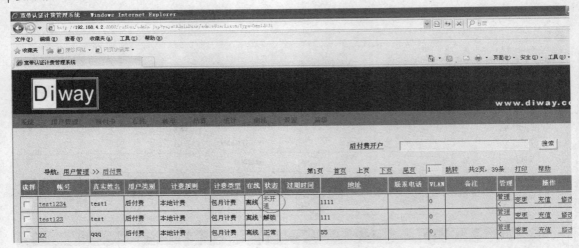

图 5-24　查看新开户用户的状态

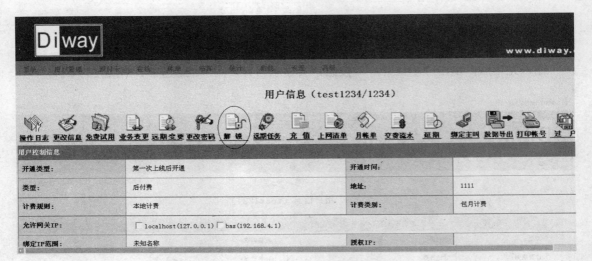

图 5-25　进入新开户用户的管理界面

用户解锁	
账号：	test1234
是否远期任务：	⊙ 否　○ 是，远期任务执行时间□
	更　改　　　重　填

图 5-26　用户解锁

6. 登录 BAS，进行 PPPoE 新参数的添加

（1）在管理 PC 浏览器地址栏内输入：http://192.168.3.1，登录 BAS 系统，进入 BAS 配置界面。

（2）选择：服务→PPPoE 服务，在 5.4.1 小节的基础上，进行 PPPoE 新参数的添加，如图 5-27 所示。

在 "RADIUS" 处，选中 "用 RADIUS 服务器来作身份验证"，该项选择后，BAS 本地的用户资料将不再使用。

在 "RADIUS 密码认证方式" 处选择 "PAP" 方式。

在 "RADIUS 服务器" 处，输入 RADIUS 服务器的 IP 地址：192.168.4.2，认证端口：1812，记账端口：1813。

在 "RADIUS 共享密钥" 处，输入 "testing123"（在 RADIUS 上对该网关的设置一致）。

输入完毕后，单击 "保存"。

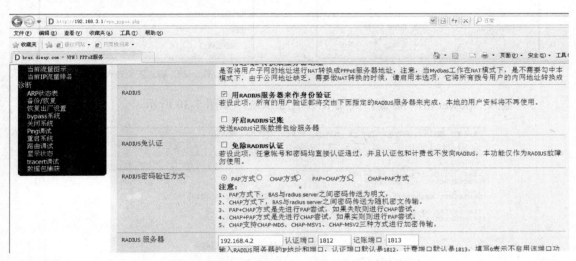

图 5-27　在 BAS 设备上进行 RADIUS 服务器相关参数的添加

7．拨号测试

（1）测试用 RADIUS 账户信息能否拨号上网：将用户 PC 与 BAS 的 LAN 口相连，单击 "宽带连接"，输入账号 "test1234" 及密码 "1234"，看能否拨号上校园网。

（2）测试是否还能用 BAS 上的用户信息拨号上网：在 "宽带连接" 处，输入账号 "test1" 及密码 "1"，看能否拨号上校园网。

8．关于 RADIUS 的关闭

关闭 Myradius 服务器，不建议采用直接关闭电源方式，宜通过 Scrt 工具运行命令关闭。具体步骤如下。

（1）在管理 PC 上运行 SecureCRT 程序 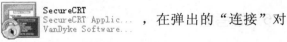，在弹出的 "连接" 对话框中，输入 RADIUS 服务器的 IP 地址：192.168.4.2，然后单击 "连接" 按钮，如图 5-28 所示。

（2）在弹出的 "输入安全外壳密码" 对话框中（见图 5-29），输入用户名：root，密码：radius，单击 "确认" 按钮，进入命令行输入界面。

图 5-28　通过 Scrt 工具连接 RADIUS 服务器　　　　　　图 5-29　输入安全外壳密码

（3）输入"power off"命令，关闭 RADIUS 系统，如图 5-30 所示。

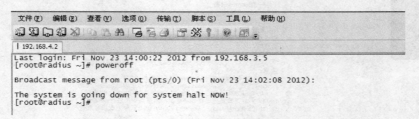

图 5-30　输入命令，关闭 RADIUS 系统

5.5　总结

① 通过本次实训，我们更深入地理解了宽带认证协议 PPPoE 的工作过程：首先是拨号 PC 与 BAS 间建立连接，然后由认证系统对用户进行认证。认证的方式有两种：本地认证（仅需 BAS 完成认证功能）和集中认证（BAS+RADIUS 一起完成认证功能）。采用集中认证时，BAS 与 RADIUS 之间的信息传输可采用明文方式（PAP），也可采用密文方式（CHAP）。认证完成后，根据用户的带宽策略对用户进行带宽授权，最后给用户分配此次上网的 IP 地址。

② 采用集中认证时，需在 RADIUS 上配置网关地址（BAS 的地址）及 BAS 与 RADIUS 通信时的共享密钥；同时，也须在 BAS 上配置 RADIUS 的地址以及共享 RADIUS 的共享密钥，两个共享密钥必须一致。

5.6　思考题

（1）请简述 PPPoE 协议的工作过程。

（2）MydBAS 前面板上有哪些接口？分别有什么功能？

（3）请简述分别采用本地认证和集中认证方式时，在 mydBAS 设备上的配置由哪些不同之处。

第三部分　GPON 实训部分

第 **6** 章　PON 技术简介

6.1　PON 的基本组成

在用户接入网建设中，虽然利用现有的铜缆用户网，可以充分发挥铜线容量的潜力，做到投资少、见效快；但从发展的角度来看，要建成一个数字化、宽带化、智能化、综合化及个人化的用户接入网，最理想的形式应该是建成一个以光纤接入为主的用户接入网。

光纤接入网（Optical Access Network，OAN）是采用激光传输技术的接入网，泛指本地交换机或远端设备与用户之间采用光纤通信或部分采用光纤通信的系统。

PON（无源光网络）是目前最主要的光接入技术。无源光网络，顾名思义就是在光网络中不含有任何有源器件，它的光分配网络全部由无源器件组成。信号在无源光网络中不再经过再生放大，由无源光网络分配器将信息直接送给用户。

PON 网络主要由光线路终端 OLT（Optical Line Terminal），光分配网络 ODN（Optical Distribution Network）和光网络单元 ONU（Optical Network Unit）/光网络终端 ONT（Optical Network Terminal）三大部分组成。PON 的系统结构如图 6-1 所示。

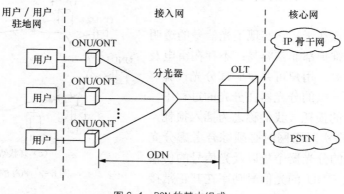

图 6-1　PON 的基本组成

OLT 放置在局端（CO），是整个 PON 系统的核心部件，向上提供与核心网/城域网的高速接口，实现各类业务接入用户端。ONU/ONT 位于用户端，提供用户侧接口。ONU 和 ONT 的区别在于：ONU 下挂网络，ONT 直接下挂用户 PC，本书中若无特别需要，两种设备一律统称为 ONU。ODN 在 OLT 和 ONU 之间建立光传输通道，完成光信号功率分配等功能，ODN 主要由一系列的光缆、光缆连接设备及分光器/光合路器组成，这些设备都是无源的。所谓的无源光网络，实际上就是指在 ODN 中不含有任何有源器件。

PON 本身是一种 P2MP（点到多点）的光接入网络，属于多用户共享系统，即多个用户共享同一套设备、同一条光缆和同一个光分路器，所以成本低。与有源光网络相比，它在传输过程中不需电源，没有电子器件，铺设容易，维护简单，可以节省大量的长期运营成本和管理。相对于铜线接入技术，PON 是纯介质网络，彻底避免了电磁干扰和雷电影响，减少了线路和外部设备的故障率，极适合在自然条件恶劣的地区使用。最重要的是，PON 可以提供非常高的带宽。目前 EPON 可以提供上下行对称的 1.25Gbit/s 的带宽，并且随着以太网技术的发展可以升级到 10Gbit/s。GPON 则可提供高达 2.5Gbit/s 的带宽。因此，PON 接入网具有广阔的应用前景。

6.2　PON 的拓扑结构

光纤接入网的拓扑结构是指传输线路和节点之间的结构，是网络中各节点的相互位置与连接的布局情况。在光纤接入网中，ODN 可采用的基本拓扑结构有：树状、总线状、环状，如图 6-2 所示。不同的拓扑结构有不同的使用范围，各有其特有的优点、缺点。在实际应用中，依据具体情况，选用一种或多种结构。

1．树状结构

如图 6-2（a）所示。从 OLT 的 PON 口引出一根光纤连接分光器，再通过分光器物理的分成若干条光纤分支连接 ONU，分光器可级联形成多级分光。我们称这种结构为树状结构，它是 PON 中最常用的拓扑形式。

这种结构的特点在于：它实现了光信号的透明传输，组网、线路维护都非常容易；不存在雷电及电磁干扰，可靠性高；用户可共享一部分光设施。

但是，由于每一级的分光器在分光的过程中，必然会造成光功率的损耗（我们称之为插入损耗，简称插损），因此在实际组网时必须综合考虑分光器的分光比、级联的分光器个数以及光信号的传输距离，以保证到达 ONU 的光信号功率在其正常接收范围之内。

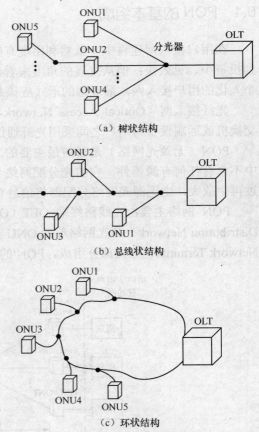

（a）树状结构

（b）总线状结构

（c）环状结构

图 6-2　PON 的拓扑结构

2．总线状结构

如图 6-2（b）所示。下行方向上，分光器负责从光总线中分出 OLT 传输的光信号；上行时，每个 ONU 传出的光信号通过分光器/光合路器插入到光总线上，传输到 OLT 中，这种结构中的各个分光器沿线状排列。

由于光纤线路上存在损耗，使得在靠近 OLT 和远离 OLT 处接收到的光信号强度差别很大，因此，通常比较适合应用非均匀分光器，以保障下级 ONU 得到足够的光功率。这种结构适用于用户沿街道、公路等呈线状分布的场合。

3．环状结构

环状结构中所用的器件以及信号的传输方式与总线状结构类似，只是光分配网络可以从两个不同的方向通往 OLT，形成可靠的自愈环状网，其可靠性优于总线状结构。但是，因为受到历史条件、地理环境、经济发展状况、工程成本、用户分布情况等因素的限制，环状结构的实现会非常复杂、用户成本比较高、接入用户比较少、传输损耗大，因此在现网中很少采用。具体结构如图 6-2（c）所示。

6.3　PON 的工作原理

1．PON 系统采用 WDM 技术，实现单纤双向传递

通常，OLT 与每个分光器之间、每个分光器与每个 ONU 之间均采用一条光纤传递。OLT 到 ONU 的方向为下行方向，反之为上行方向。为了实现在同一根光纤上同时进行双向信号传输，PON 采用了波分复用（WDM）技术，即上下行分别采用不同的波长传递信号，上行用 1310nm，下行用 1490nm，如图 6-3 所示。

2．数据复用技术

为了分离同一根光纤上多个用户的来去方向的信号，采用以下两种复用技术：下行方向采用广播技术，上行方向采用 TDMA 技术。

在下行方向，PON 是一个点到多点的网络。由于 ODN 中的分光器只具有物理分光的作用，

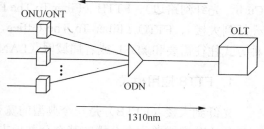

图 6-3　PON 的单纤传输机制

因此，从 OLT 经馈线光纤到达分光器的分组会被分成 N 路独立的信号输出到若干条用户线光纤上，形成一种广播的传输方式。虽然所有的 ONU 都会收到相同的数据，但由于每个分组携带的分组头唯一标识了数据所要到达的特定 ONU，当 ONU 接收到分组时，仅提取属于自己的数据包。如图 6-4 所示。

在上行方向，由于无源光合路器的方向属性，从 ONU 来的数据帧只能到达 OLT，而不能到达其他 ONU。从这一点上来说，上行方向的 PON 网络就如同一个点到点的网络。然而不同于其他的点到点网络，在上行方向由于是多个 ONU 共享干线信道容量和信道资源，来自不同 ONU 的数据帧可能会发生数据冲突。为了避免多个 ONU 同时上传数据造成数据碰撞，上

行方向采用 TDMA（Time Division Multiple Access，时分多址）方式，由 OLT 给每个 ONU 分配上传数据所用的时隙。不同的 ONU 所用的时隙是不同的，每个 ONU 只能在指定的时隙内上传信息。如图 6-5 所示。

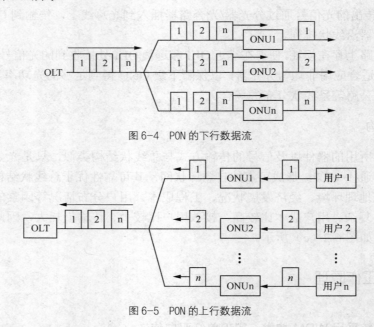

图 6-4　PON 的下行数据流

图 6-5　PON 的上行数据流

6.4　PON 的应用模式

根据 ONU 靠近用户的不同，我们可以把网络 PON 的应用模式分为 FTTC（Fiber To The Curb，光纤到路边）、FTTH（Fiber To The Home，光纤到户）、FTTB（Fiber To The Building，光纤到大楼）、FTTO（Fiber To The Office，光纤到办公室）等类型。其中 FTTC 和 FTTB 两种方式往往需要和 xDSL 或者局域网（LAN）技术相结合使用。

1．FTTB 应用模式

光纤到大楼（FTTB）是一个典型的宽带光接入网络应用，其特征是：ONU 直接放置在居民住宅公寓或单位办公楼的某个公共地方，ONU 下行采用其他传输介质（如现有的金属线或无线）接入用户，每个 ONU 可支持数十甚至上百个用户的接入。ONU 用户侧可提供铜线和五类线接口，接口类型主要包括以太网、POTS（Plain Old Telephone Service，普通老式电话业务）、ISDN（Integrated Service Digital Network，综合业务数字网）、ADSL/ADSL2+（Asymmetric Digital Subscriber Line，非对称数字用户环路）、VDSL/VDSL2（VDSL（Very-high-bit-rate Digital Subscriber loop，甚高速数字用户环路）等。

这种方式光纤线路更加接近用户，适合高密度用户区，但由于 ONU 直接放置在公共场合，也对设备的管理提出了额外的要求。它多采用 FTTB+LAN 或 FTTB+xDSL 的方式来实现。如图 6-6 所示。

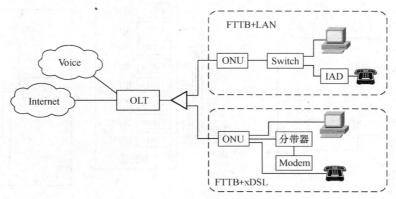

图 6-6　FTTB 的应用模式图

（1）FTTB+xDSL。将光纤端接点设在楼层（高层楼宇）或楼道（多层建筑），ONU 采用 DSLAM 设备。该设备在网络侧提供 GPON 上联口，用户侧采用 xDSL 接口并通过双绞线接入用户。这种接入方式利用现有铜缆资源，具有较好的经济性，也促进了光纤向用户的靠近，常用于老城区改造"光进铜不退"场合。用户虽然仍采用原有 xDSL 接入方式，但 DSLAM 设备下移到用户端，可解决宽带提速问题。

（2）FTTB+LAN。光纤端接点设在楼层（高层楼宇）或楼道（多层建筑），由 ONU 终结光信号，并能够提供多个以太网接口，以便用户的接入。由于以太网五类线的距离限制，这种方式的实现需要保证 ONU 到终端用户的走线距离不超过 100m。

2．FTTC 应用模式

在不具备 FTTB 应用条件的情况下，可选择此种应用模式；一般情况下，用于"光进铜不退"的宽带提速场合。

FTTC 通常为点到点或点到多点结构。一个 ONU 可以为一个或多个用户提供接入服务。ONU 设置在路边交接箱或配线盒处，从 ONU 到用户这段传输仍旧使用普通电话双绞线或同轴电缆。FTTC 常和 xDSL 或者 Modem 技术组合使用，为用户提供宽带业务。但是 FTTC 存在室外有源设备，这样的特性对网络和设备的维护、运营提出了更高的要求。

3．FTTH 应用模式

FTTH 结构中，ONU 直接放置于用户家中，用光纤传输介质连接局端和家庭住宅，每个家庭独享 ONU 终端。在物理网络构成上，OLT 与 ONU 之间全程都采用光纤传输，实现了全光网络。此时的 ONU 又称为 ONT，直接提供用户侧接口连接到用户家庭网络，可实现丰富的业务接入类型：主要包括语音、数字家庭、宽带上网（可选有线和无线方式）、IPTV 视频、CATV（Community Antenna Television，有线电视）视频等，如图 6-7 所示。

FTTH 真正实现了光纤接入，是实现综合业务接入的理想方案。但这种方式下成本较高，考虑到经济因素，不可能全面推广。但随着国家宽带光纤化进程的推进，FTTH 已成为新建小区光纤宽带接入的最佳方案。

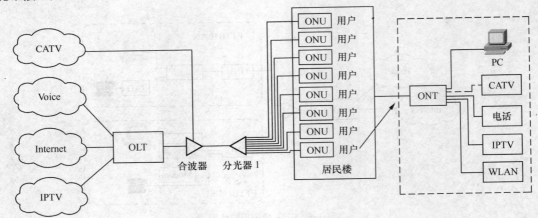

图 6-7   FTTH 的应用模式图

各种光纤接入网网络结构参数对比如表 6-1 所示。

表 6-1   各种光纤接入网网络结构参数对比

类　　型	网 络 结 构		
	FTTC	FTTB	FTTO/FTTH
ONU 放置点	路边入孔、电线杆上的分线盒或交接箱	用户大楼内部	用户家中或办公室中
接入方式	FTTC+xDSL、FTTC+局域网	FTTB+xDSL 、 FTTB+局域网	FTTO 或 FTTH 直接到户
优点	将光纤推进用户，同时充分利用现有的铜线设施，经济性好	更进一步将光纤推进用户，适用于高密度住宅小区及商用写字楼	实现全透明网络，提供最大的可用带宽，光纤传输不受外界干扰，可以避免雷击，降低成本
缺点	设备存放在户外，并需要供电，对维护和运行提出了更高的要求	ONU 直接放置在公共场合，对设备管理要求严格	受到接入网"最后一公里"的限制，投入成本高，回收缓慢，现阶段无法普遍使用

6.5   APON、EPON 与 GPON

1. APON 技术

在 PON 中采用 ATM 技术，就称为 ATM 无源光网络（ATM-PON，简称 APON）。APON 将 ATM 的多业务、多比特速率能力和统计复用功能与无源光网络的透明宽带传送能力结合起来，是一种解决"接入瓶颈"的理想方案。

基于 ATM 的 PON 接入网主要由光线路终端 OLT（局端设备）、光分路器（Splitter）、光网络单元 ONU（用户端设备）以及光纤传输介质组成。

APON 系统结构中，从 OLT 往 ONU 传送下行信号时采用时分复用 TDM 技术，ONU 传送到 OLT 的上行信号采用时分多址接入 TDMA 技术。

APON 上、下行信道都是由连续的时隙流组成。下行每时隙宽为发送一个信元的时间，上行每时隙宽为发送 56 字节（一个信元再加 3 字节开销）的时间。按 G.983.1 建议，APON 可采用两种速率结构：即上下行均为 155.520Mbit/s 的对称帧结构和下行 622.080Mbit/s、上行 155.520Mbit/s 的不对称帧结构。

最早的窄带无源光网络是基于 TDM 技术的，但是它的性价比不好，已经逐步被淘汰。直到 1997 年 FSAN（全业务接入网）提出 ITU-T 的标准，即物理层采用 PON 技术，链路层采用 ATM 技术，上下行速率为 155Mbit/s 的 APON。后来有关规范又被修正为两种，一种是上行 155Mbit/s 和下行 622Mbit/s 的不对称传输系统和上下行都为 622Mbit/s 的对称传输系统，即被称为 BPON（Broadband PON）。

APON 的接入非常灵活，因为它结合了 ATM 多业务多比特率支持能力和 PON 的透明宽带传输能力。APON 的传输距离最大可达 20km，其支持的光分路比在 32～64 之间。

APON 技术具备综合业务接入、QoS 服务质量保证等独有的特点，并且其标准化时间较早，已有成熟商用化产品。但是由于 APON 的二层采用的是 ATM 封装和传送技术，因此存在带宽不足、系统相对复杂、价格较贵、承载 IP 业务效率低等问题，未能取得市场上的成功。

2. EPON 技术

由于 APON/BPON 存在很多缺点，因此它在市场上没有很好的发展下去。为了更好地适应 IP 业务，IEEE802.3 在 2000 年 11 月提出了用以太网取代 ATM 的 PON 技术，最终在 2005 年并入 IEEE802.3ah-2005 标准。

EPON 是以太网（Ethernet）和 PON 技术两种技术相结合的产物。它的技术思路与 APON 相似，其物理层仍然使用 PON 技术，但链路层采用以太网帧代替 ATM 帧，构成可以提供更大带宽、更低成本、更宽带宽业务能力的结合体。从 EPON 的结构上看，其关键是消除了复杂而昂贵的 ATM 和 SDH 网元，因而极大地简化了传统的多层重叠网络结构，也消除了多层网络结构的一系列弱点。因此，EPON 技术是目前 FTTH 领域为用户提供光纤接入的最为经济有效的方式，在中国有巨大的应用市场。

3. GPON 技术

ITU-T 提出 GPON 技术的最大原因，是由于网络 IP 化进程加速和 ATM 技术的逐步萎缩，导致基于 ATM 技术的 APON/BPON 技术在商用化和实用化方面严重受阻，迫切需要一种高传输速度、适宜 IP 业务承载同时具有综合业务接入能力的光接入技术。在这样的背景下，ITU-T 以 APON 标准为基本框架，重新设计了新的物理层传输速率和传输汇聚（Transmission Convergence，TC）层，推出了 GPON 技术和相关标准。GPON 保留了 APON 的优点，与 APON 有很多的共同之处；同时 GPON 具备了比 APON 更加高效高速的优势，它为用户提供从 622.080Mbit/s 到 2.4Gbit/s 的可升级框架结构，且支持上下行不对称速率，支持多业务，具有电信级的网络监测和业务管理能力，提供明确的服务质量保证和服务级别。

虽然，目前 GPON 的商用规模不及 EPON；但是，随着近年来网络应用对高带宽、高服务质量的强烈需求，GPON 以其高速、大容量传输信息、提供服务质量保证 QoS 等优点，正受到市场的高度关注和研究。所以，研究 GPON 的关键技术和业务实现方法，无论是从技术发展还是商业应用角度讲，都有很重要的现实意义。

4．APON、EPON 和 GPON 的比较

APON、GPON、EPON 作为现在的主要的光纤接入网技术，都具有 PON 技术的优势，同时也有着各自不同的技术特点。

从帧结构看，APON 的传输基于 ATM 帧的传输；EPON 是基于 Ethernet 帧结构格式的封装；而 GPON 是在传统 ATM 封装基础上进一步采用了 GFP（Generic Framing Protocal，通用成帧协议）封装，实现多种业务流的通用成帧规程规范。

从协议的角度看，APON 在与 IP 网络连接的过程中，要进行 ATM 协议和 IP/Ethernet 协议之间的转换。EPON 由于本身就采用了 IP/Ethernet 相同的 Ethernet 协议，不需要进行协议转换；GPON 对各种协议进行透明传输，也不需要进行协议转换。

在支持业务方面，GPON 采用 GFP，可以将任何类型、任何速率的业务按原来的格式进行封装后，经过 PON 传输；而 EPON 采用单一的、基于以太网的帧结构，缺少支持除了以太网以外的业务能力，处理 TDM 时会产生 QoS 问题；APON 可以为其所提供的业务给予较好的 QoS。

另外，GPON 无论在传输的扰码效率，还是传输汇聚层效率、承载协议效率和业务适配效率都非常高，所以它具有最高的总效率。具体数值在表 6-2 中可以查阅。APON 能够提供完备的 OAM 功能，但是带宽有限且扩展复杂；EPON 缺乏 OAM 功能；只有 GPON 技术具有更丰富的业务管理和带宽管理。但是 GPON 相对成本较高。相比之下，EPON 技术是一项性价比较高的接入网技术。

表 6-2　　　　　　　　　　　　　　　**三种 PON 技术的参数对比**

技　　术	APON	EPON	GPON
标准	ITU-T G.983	IEEE802.3ah	IUT-T G.984
数据链路层协议	ATM	Ethernet	ATM/GFP
数据速率（bit/s）	下行 622M 或 155M 上行 155M	下行 1.25G 上行 1.25G	下行 1.25G 或 2.5G 上行 155M、622M、1.25G 或 2.5G
封装效率	低	较高	高
TDM 支持	TDM over ATM	TDM over Ethernet	直接承载
分光比	取决于光功率预算	取决于光功率预算	取决于光功率预算
逻辑传输距离（km）	20	20	60
优点	QoS 保证，支持实时业务	技术简单，速率高	速率高，支持多种业务，OAM 功能强大
不足	不适应网络向 IP 发展的趋势，升级困难	协议开销占宽带（1.25G）的 25%	价格略高

6.6　总结

① 本章对 PON 技术进行了介绍。PON 因其抗干扰能力强、投资和维护成本低、高带宽等优势，成为了当前最主流的有线接入技术。PON 由 OLT、ONU（ONT）以及 ODN 组成。

它的拓扑结构主要包括树状、总线状和环状三种，其中，树状结构最常使用。在 PON 系统中，为实现单纤双向传递，采用了 WDM 技术；为了分离同一根光纤上多个用户的来去方向的信号，下行方向采用广播技术，上行方向采用 TDMA 技术。

② 然后对三种 PON 技术——APON、EPON 和 GPON 进行了比较。它们具有相同的拓扑结构，但使用了不同的链路层协议。APON 由于基于 ATM 技术使得它在网络 IP 化进程中其市场严重萎缩；EPON 将以太网技术与 PON 相结合，作为一种经济有效的接入方式被市场广泛接受；GPON 保留了 APON 的优点，并支持多业务承载，正逐步成为 PON 技术的主流。中国市场仅使用了 EPON 和 GPON。

6.7　思考题

（1）PON 技术有哪些优势？

（2）简述 PON 系统的基本组成及各部分的功能。

（3）在采用 WDM 技术的 PON 系统中，下行方向和上行方向的波长分别是多少？为了分离同一根光纤上多个用户的来去方向的信号，下行方向采用什么技术？上行方向采用什么技术？

（4）PON 有哪几种拓扑结构？

（5）简述 FTTB、FTTC 各自适合哪些场合？

（6）比较 APON、EPON 和 GPON 的异同。

第7章 GPON 实训预备知识

7.1 GPON 关键技术

7.1.1 GPON 协议栈

1. GPON 协议栈

GPON 系统的协议栈如图 7-1 所示，主要由物理媒质相关（Physical Media Dependent，PMD）层和 GPON 传输汇聚（Transmission Convergence，TC）层组成。

① PMD 层

GPON 的 PMD 层对应于 OLT 和 ONU 之间的光传输接口（也称为 PON 接口），其具体参数值决定了 GPON 系统的最大传输距离和最大分路比。OLT 和 ONU 的发送光功率、接收机灵敏度等关键参数主要根据系统支持的 ODN 类型来进行划分。

② TC 层

TC 层（也称为 GTC 层）是 GPON 的核心层，主要完成上行业务流的媒质接入控制和 ONU 注册这两个关键功能。GTC 层包括两个子层：GTC 成帧子层和 TC 适配子层。GTC 层可分为两种封装模式：ATM 模式和 GEM 模式，目前 GPON 设备基本都采用 GEM 模式。

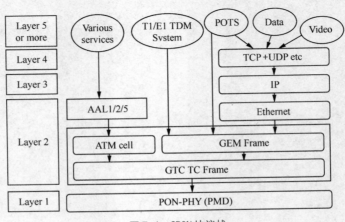

图 7-1　GPON 协议栈

2. GPON 标准协议

如图 7-2 所示，GPON 的标准协议历经了四个版本，分别是 ITU-T G.984.1/2/3/4。

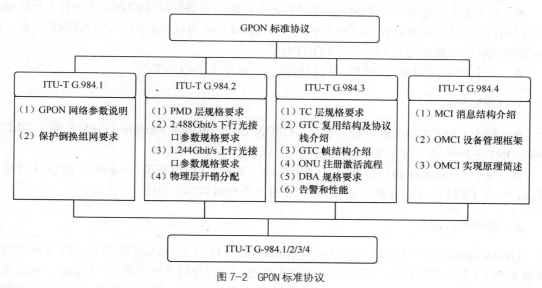

图 7-2 GPON 标准协议

7.1.2 GPON 重要技术概念

如图 7-3 所示，在 GPON 的复用结构中，有几个关键概念，分别介绍如下。

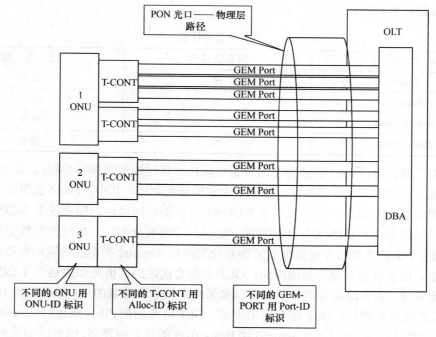

图 7-3 GPON 的复用结构

- GEM Port：GEM 端口，业务的最小承载单位。
- T-CONT：Transmission Containers，传输容器，是一种承载业务的缓存，主要用来传输上行数据的单元。引入 T-CONT 主要是为了解决上行带宽动态分配问题，以提高线路利用率。
- 业务根据映射规则先映射到 GEM Port 中，然后再映射到 T-CONT 中进行上行传输。GEM Port 可以灵活的映射到 T-CONT 中，一个 GEM Port 可以映射到一个 T-CONT 中去，多个 GEM Port 也可以映射到同一个 T-CONT 中。
- 一个 ONU 的 GPON 接口中可以包含一个或多个 T-CONT。

1．GEM Port

- 每个 GEM 端口承载一种业务流，GPON Encapsulation Method（GEM）帧在 OLT 和 ONU/ONT 之间传送，每个 T-CONT 包含一个或多个 GEM Port。
- 每个 GEM Port 由一个 Port-ID 唯一标识。Port-ID 取值范围 0～4095，由 OLT 分配。所以，一个 GEM Port 只能被一个 PON 口下的一个 ONU/ONT 使用。

2．四种类型带宽

GPON 标准沿用了 BPON 中对 QoS 支持的规定。ITU-T 在 BPON 标准 G.983.4 和 GPON 标准 G.984.3 中明确的提出了四种优先级别的带宽。它们分别是固定类型（Fixed）、确保类型（Assured）、非确保类型（Not-assured）和尽力而为类型（Best-effort，也称 max）四种类型的带宽。同时，作为 GPON 系统中上行带宽分配基本单元的 T-CONT 则按照其使用的带宽类型组合一共分为五种类型。这是 DBA（Dynamically Bandwidth Assignment，动态带宽分配）研究的重点，清晰地认识到各种带宽资源的特性对理解 T-CONT 的适用范围有重要意义。四种带宽的特性如表 7-1 所示。

表 7-1 四种带宽的特性

带 宽 类 型	时延敏感性	优 先 级
Fixed	是	最高
Assured	否	次之
Not- assured	否	再次
Best- effort	否	最低

从表中可以看出，只有 Fixed 类型的带宽可以传输延时要求严格的数据，比如语音业务等。各类型带宽之间的相对优先级顺序，暗示了带宽的分配顺序。其中，Fixed 类型的带宽最早被分配，分配给某个 T-CONT 后，在这个 T-CONT 对应的时间段内，即使这个 T-CONT 没有数据，这个时间段也会是留给这个 T-CONT；这部分带宽被分配后，即时没有数据可传，也保持固定不变。Fixed 类型的带宽分配后紧接着分配的是 Assured 类型的带宽，也就是说只要有数据要发送，而且也在带宽的范围内的，OLT 总是会满足的，但是如果这个 T-CONT 没有太多的数据要发送，那么这部分的带宽就可以拿来给别的需要带宽的 T-CONT 来使用。在 Fixed 和 Assured 的带宽分配后，OLT 还有剩余带宽，OLT 可考虑把它们分配给 Not-assured 类型和 Best-effort 类型的带宽。不过 Not-assured 比 Best-effort 的优先级要高，就是说如果有剩余带宽，Not-assured 将会首先得到满足，如果还有剩余带宽，那才会轮到 Best-effort。

3. T-CONT

- GPON 使用 T-CONT 实现业务汇聚，它是 GPON 系统中上行业务流最基本的控制单元。
- 一个 T-CONT 对应一种带宽类型的业务流。每种带宽类型有自己的 QoS 特征。
- QoS 特征主要体现在带宽保证上。T-CONT 有 5 种带宽类型模板：Type1，Type2，Type3，Type4，Type5；具体的类型及其之间的关系如表 7-2 所示。
- 每个 ONU 上可以有多个 T-CONT，每个 T-CONT 可以绑定多个 GEM Port。
- T-CONT 动态接收 OLT 下发的授权，用于管理 PON 系统传输汇聚层的上行带宽分配，改善 PON 系统中的上行带宽。
- T-CONT 工作时一定要绑定相应的 DBA 模板。

表 7-2　　　　　　　　　　　　　T-CONT 类型及承载的带宽类型

分配的带宽类型			T-CONT 类型				
			type 1	type 2	type 3	type 4	type 5
优先级别	保证带宽	Fixed bandwidth	√				√
		Assured bandwidth		√	√		√
	额外带宽	Not-assured bandwidth			√		√
		Best-effort bandwidth				√	√

4. 关于 DBA

由于 GPON 在上行方向多个 ONU 共享传输介质，所以必须采取一定的业务带宽调度方案进行控制。GPON 一般采用动态带宽分配 DBA（Dynamically Bandwidth Assignment）方式。GPON 系统的动态带宽分配模式有两种：一种是 ONU 向 OLT 报告自己的状态及所需的带宽，OLT 根据上报的数据对 ONU 进行动态带宽分配；另一种是 ONU 不需要向 OLT 报告需要的带宽，OLT 具有流量监测功能，可以自动动态分配带宽。

DBA 能在微秒或毫秒级的时间间隔内完成对上行带宽的动态分配机制；利用 DBA 机制，可以提高 PON 端口的上行线路带宽利用率；可以在 PON 口上增加更多的用户；用户可以享受到更高带宽的服务，特别是那些对带宽突变比较大的业务；在进行业务配置时，创建 DBA 模板是为了 T-CONT 的引用，如果 T-CONT 没有引用，所创建的 DBA 没有任何意义。

DBA 功能的实现机制主要包括以下几个部分。

- OLT 或 ONU 进行拥塞检测。
- 向 OLT 报告拥塞状态。
- 按照指定参数更新 OLT 分配带宽。
- OLT 按照新分配的带宽和 T-CONT 类型发送授权。
- DBA 操作的管理。

DBA 的实现过程如图 7-4 所示。

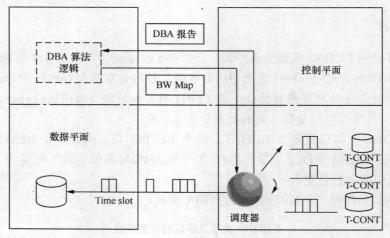

图 7-4　DBA 实现过程

- OLT 内部 DBA 模块不断收集 DBA 报告信息，进行相关计算，并将计算结果以 BW Map 的形式下发给各 ONU。
- 各 ONU 根据 BW Map 信息在各自的时隙内发送上行突发数据，占用上行带宽。

7.1.3　GPON 帧结构

有了 GEM Port、T-CONT 和 DBA 的概念后，对于 GPON 的帧结构就容易理解了。

GPON 的物理层是定长的 TDM 帧 125μs，不论是上行帧还是下行帧。

（1）下行帧结构。

在图 7-5 所示的下行帧结构中，PCBd 为下行物理层控制块，提供帧同步、定时及动态带宽分配等 OAM 功能；GPON 下行数据帧的帧头 PCBd 的 Upstream BW Map 字段（见图 7-6）就是用于对 ONU 发送数据进行授权，以实现上行带宽分配。该字段指示哪个 T-CONT 何时开始发送数据，何时停止发送数据（T-CONT 的概念见 7.1.2 小节。一个 ONU 可以对应一个或多个 T-CONT）。这样，在正常情况下，上行方向的任意时刻都只有一个 ONU 在发送数据。对上行帧的授权是每个帧都要进行的，即使没有下行数据也要发空下行帧来对上行帧进行授权。

每个下行帧的净荷部分 Payload 部分中包含了很多个 GEM 的帧，每个 GEM 帧的帧头中包含有 Port-ID 的地址信息。收到下行帧后，每个 ONT 先处理帧头 PCBd，然后取出净荷部门属于自己的 Port-ID 的 GEM 的帧。

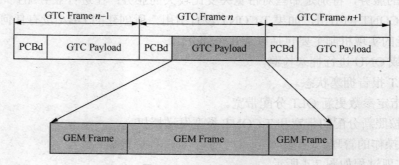

图 7-5　GPON 下行帧结构

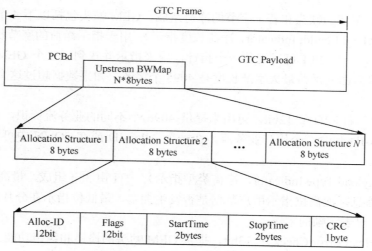

图 7-6　Upstream BW Map 字段结构

（2）上行帧结构。

上行帧结构如图 7-7 所示。每帧包括一个或多个 ONU 的传输。在 GPON 的下行帧的 BW Map 字段指示了这些传输的组织形式。在每个分配时期，在 OLT 的控制下：ONU 能够传送 1～4 种类型的 PON 开销和用户数据。这四种开销类型如下所示。

①物理层开销（PLOu）：用于突发传输同步。其长度由 OLT 在初始化 ONU 时设置，ONU 在占据上行信道后首先发送 PLOu 单元，以使 OLT 能够快速同步并正确接受 ONU 的数据。

②上行物理层操作、维护和管理（PLOAMu）：用于承载上行 PLOAM 信息，包含 ONU-ID、Message 及 CRC。

③上行功率控制序列（PLSu）：功率测量序列，用于调整光功率。

④上行动态带宽报告（DBRu）：用于上行带宽报告。

OLT 通过 BW Map 字段指示每个分配中是否传送 PLOAMu、PLSu 或 DBRu 信息。

图 7-7　GPON 上行帧结构

在上行帧中，Payload 域用于填充 ATM 信元或者 GEM 帧。

7.1.4　GEM 帧结构

在 GPON 的上行帧或下行帧的 Payload 字段携带一个或多个 GEM 帧，下面对 GEM 帧结构进行讲述。

GEM 帧结构如图 7-8 所示。

图 7-8　GEM 帧

GEM 帧由 5 字节的帧头和若干字节的净荷组成。GEM 帧头包括以下 4 个部分。

① PLI（Payload Lendth Indicator，净荷长度指示）：用于指示净荷的字节长度。由于 GEM 块是连续传输的，所以 PLI 可以视作一个指针，用来指示并找到下一个 GEM 帧头。PLI 由 12bit 组成，所以后面的净荷最大字节长度是 4095 个字节。如果数据超过这个上限，GEM 将采用分片机制。

② Port-ID（端口 ID）：12bit，可用来提供 4096 个不同的业务流标识，以实现业务流的复用。每个 Port-ID 包含一个用户业务流。在一个 Alloc-ID 或 T-COUN 中可以包含一个或多个 Port-ID 传输。

③ PTI（Payload Type Indicator，净荷类型指示）：PTI 由 3bit 组成，最高位指示 GEM 帧是否为 OAM 信息，次高位指示用户数据是否发生拥塞，最低位指示在分片机制中是否为帧的末尾，当为 1 时表示帧的末尾。

④ HEC（Head Error Check）：13bit，提供 GEM 帧头的检错和纠错功能。

7.2 华为 GPON 产品介绍

现在我国各大电信运营商都在大力建设自己的 PON 网络，争夺接入网市场份额。本实训项目选用在市场上有大量应用的华为 GPON 产品作为实训设备，旨在让学生与最主流的接入技术接触，加深对网络理论知识的理解，提高实践操作能力。

在构建一个 GPON 网络时，需要对设备及设备的接口进行了解，特别是作为 GPON 系统的初学者，为了尽快掌握相关设备的操作和使用，首先应该了解这些设备的接口及硬件连接，下面对实训中涉及的 OLT、ONU（MDU 和 ONT）设备进行介绍。

7.2.1 OLT 设备–MA5683T 简介

1. GPON-MA5683T 产品介绍

SmartAX MA5683T 光接入设备是华为技术有限公司推出的 EPON/GPON 一体化中规格接入产品。而 GPON-MA5683T 系列产品定位如下。

①可以作为 EPON/GPON 系统中 OLT（Optical Line Terminal）设备，与终端 ONU（Optical Network Unit）设备配合使用。

②满足 FTTH（Fiber To The Home，光纤到户）、FTTB（Fiber To The Building，光纤到楼）、FTTC（Fiber To The Curb，光纤到路边）、基站传输、IP 专线互连、批发等组网需求。

2. GPON-MA5683T 硬件结构

MA5683T 的外观及设备板位图如图 7-9 所示。

MA5683T 的单板类型主要包括：GPON 业务板、主控板和上联板，如图 7-10 所示。GPON 业务板实现 PON 业务接入和汇聚，与主控板配合，实现对 ONU/ONT 的管理。主控板负责系统的控制和业务管理，并提供维护串口与网口，以方便维护终端和网管客户端登录系统。上联板上行接口上行至上层网络设备，它提供的接口类型包括：GE 光/电接口、10GE 光接口、E1 接口和 STM-1 接口。

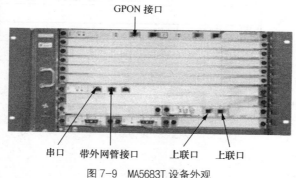

图 7-9　MA5683T 设备外观

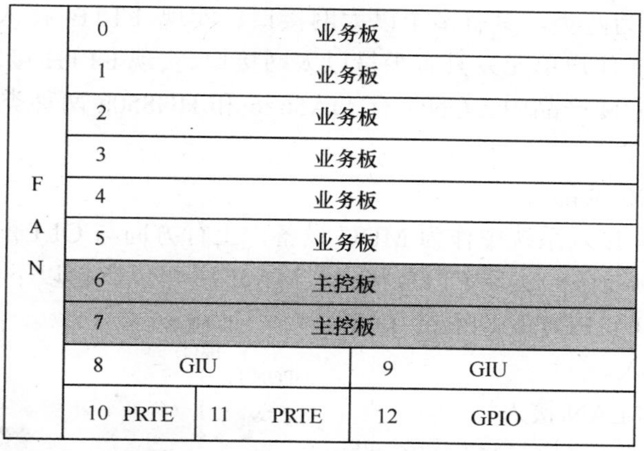

F	0	业务板		
A	1	业务板		
N	2	业务板		
	3	业务板		
	4	业务板		
	5	业务板		
	6	主控板		
	7	主控板		
	8	GIU	9	GIU
	10 PRTE	11　PRTE	12	GPIO

图 7-10　MA5683T 设备板位功能图

MA5683T 的前面板共包括 13 个槽位，分别编号为 0～12。其中，0～5 号槽位可放置 GPON 业务板，6、7 号槽位放主控板，8、9 号槽位放上联板。MA5683T 的各种单板采用机框编号/槽位编号/端口编号的格式，设备默认机框号为 0，端口编号也是从 0 开始。如 0 框 9 槽位第一个端口应写为 0/9/0，0 框 0 槽位的第一个端口应写为 0/0/0。

3. GPON-MA5683T 管理方式

用户可以采用串口或者 Telnet（网口）方式登录 MA5683T 系统，对系统进行管理与维护（登录用户名：root；密码：admin）。

① 串口方式。用串口线与 GPON-MA5683T 设备进行通信，通信软件可使用 Windows 操作系统下的超级终端工具进行。串口终端环境的建立可通过将 PC 串口通过标准的 RS-232 串口线与 GPON-MA5683T 的主控板上的串行口 CON 口相连接再进行相关参数配置即可，如图 7-11 所示。

② 带外网管方式。首先，通过超级终端成功登录 GPON-MA5683T，在 GPON-MA5683T 上配置主控板上的带外网口地址（默认为 meth 0），然后用网线将 PC 网口与 GPON-MA5683T 的主控制板上的带外网管接口 eth 口相连接，并将 PC 的 IP 地址设成与带外网管地址在同一网段，在 PC 上 ping 带外网管地址，ping 通后即可用 Telnet 登录。

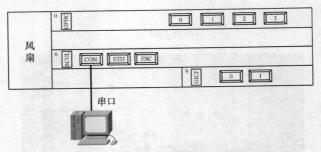

图 7-11 MA5683T 设备串口管理方式

4．ONU 设备简介

ONU 设备主要分为两类，具有多个以太网接口、实现 FTTB 接入的 ONU 称作 MDU（Multi-Dwelling Unit，多住户单元）；具有少量以太网接口、实现 FTTH 接入的 ONU 称作 ONT。在此次应用的华为 GPON 产品中，ONU 有 MA5626 和 HG850a 两种类型，其中 MA5626 是 MDU，HG850a 是 ONT。

（1）MDU-MA5626 设备。

MA5626 在 GPON 接入系统中作为 MDU 设备，上行方向与 OLT 配合提供高速率和高质量的数据、语音和视频业务，实现 FTTB 接入。MA5626 可以支持以下业务接入方式。

● 基于 VoIP 的 POTS（Plain Old Telephone Service）接入。

● 基于以太网的 LAN 接入。

① MA5626 外观及接口。MA5626 设备外观如图 7-12 所示。

ONU 设备 MA5626 上各个接口的说明如表 7-3 所示。

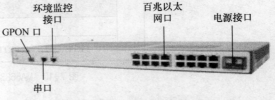

图 7-12 MA5626 设备外观

表 7-3   MA5626 接口说明

接 口 类 别	接 口 种 类	接 口 说 明
上行接口	GPON 光接口	● GPON 光接口采用了单模光模块，支持单纤双向的数据传输 ● GPON 接口支持下行 2.488Gbit/s，上行 1.244Gbit/s 的速率
业务接口	FE 电接口	● 支持 10Mbit/s 或 100Mbit/s 两种速率 ● 支持半双工或全双工工作模式 ● 支持自动 MDI/MDI-X
维护接口	维护串口、网口	可满足本地维护、远程维护等多种需求
	环境监控口	环境监控设备可以实现 MA5626 系统环境的搜集，通过环境监控接口上报到设备

② 管理方式。用户可以采用串口或者 Telnet（网口）方式登录 MA5626 系统，对系统进行管理与维护（登录用户名：root；密码：mduadmin）。

（2）ONT-HG850a 设备。HG850a 是面向家庭和 SOHO 用户设计的一款 ONT 设备。它的外观及接口标识如图 7-13 和图 7-14 所示。

图 7-13　HG850a 设备外观图

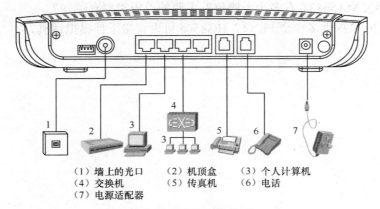

（1）墙上的光口　　（2）机顶盒　　（3）个人计算机
（4）交换机　　　　（5）传真机　　（6）电话
（7）电源适配器

图 7-14　HG850a 接口标识

它作为 GPON 终端设备，可提供 4 个 100Base-TX 全双工以太网接口和 2 个 POTS（Plain Old Telephone Service，传统电话业务）接口。通过以太网接口连接 PC、STB 等，实现数据、视频业务的接入；通过 POTS 接口连接电话或传真机，实现 VoIP 语音或 IP 传真业务的接入。

该设备的另一面有多个指示灯，其中 LINK 和 AUTH 为 GPON 指示灯，两者的状态共同说明 HG850a 连接和注册到 OLT 的情况。指示灯闪烁状态分为快速闪烁和慢速闪烁，闪烁频率分别为每秒 3 次和每秒 1 次。

7.3　总结

① 本章首先介绍了 GPON 协议栈，GPON 协议栈主要由物理媒质相关层和 GPON 传输汇聚层组成，其标准协议有 ITU-T G.984.1/2/3/4 四个版本。接着对 GPON 中的几个重要概念进行了介绍。GEM Port 是业务的最小承载单位，T-CONT 是一种承载业务的缓存，有 5 种带宽类型模板，T-CONT 工作时一定要绑定相应模板。一个 ONU 的 GPON 接口中可以包含一个或多个 T-CONT，一个 GEM Port 可以映射到一个 T-CONT 中去，多个 GEM Port 也可以映射到同一个 T-CONT 中。ONU 用 ONU-ID 标识，T-CONT 用 Alloc-ID 标识，GEM Port 用 Port-ID 标识。然后，介绍了 GPON 的帧结构。GPON 采用 125μs 的定长 TDM 帧。

② GPON 实训平台采用华为 GPON 产品，本章对其进行了简介。局端设备选用中规模接入产品 SmartAX MA5683T，其单板类型主要包括 GPON 业务板、主控板和上联板，本实训采

用最低配置 1 块 GPON 业务板+1 块主控板+1 块上联板。其管理方式包括串口本地管理、远程带外管理、远程带内管理三种。用户端设备分别选用了 MA5626 和 HG850a，MA5626 是 MDU，可实现 FTTB 接入，提供 16 个 FE 口；HG850a 是 ONT，可实现 FTTH 接入，提供 4 个 FE 口和 2 个 POTS 口。

7.4 思考题

（1）T-CONT 支持哪 5 种带宽类型模板？其各自的特点是什么？

（2）GEM Port、T-CONT 之间有怎样的映射关系？

（3）SmartAX MA5683T 有多少个槽位？主要的单板类型有哪些？

（4）MA5626 可提供多少个 FE 口？HG850a 可否直接下挂模拟话机？

第 **8** 章 GPON 基本操作与维护

8.1 实训目的

- 了解并熟悉 GPON 实训平台设备组网情况。
- 熟悉并掌握 MA5683T 基本操作命令。

8.2 实训规划（组网、数据）

8.2.1 组网规划

图 8-1 所示为 GPON 基本操作与维护组网规划。

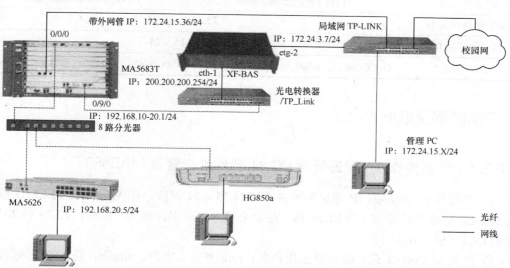

图 8-1 GPON 基本操作与维护实训组网图

组网说明：

本实训平台的 MA5683T 只采用了最低配置：一块主控板 SCUL，位于 6 号槽位；一块

GPON 业务板 GPBC，位于 0 号槽位；一块上联板 GICF，位于 9 号槽位。MA5683T 通过 0 槽位的第一个 PON 口（0/9/0）出光纤下挂一个分光比为 1：8 的分光器，从分光器的各光纤分支分别接一个 ONU，类型为 MA5626 或 HG850a；再分别从 MA5626 和 HG850a 的第一个以太网用户接口下挂一用户 PC。

MA5683T 通过 9 号槽位的第一个光口上联至二层交换机 TP-link 的光口，再通过 TP-link 的电口级联至 XF-BAS 的一个以太网电口（eth-1），因此，此处 TP-link 的作用相当于光电转换器。

XF-BAS 通过另一以太网电口（eth-2）连至局域网交换机 TP-link，通过 TP-link 访问校园网。

对 5683T 的管理采用带外网管方式。从 MA5683T 的带外网管接口（6 号槽位主控板上的 eth 接口）出网线连至局域网交换机 TP-link，再从此交换机其他网口出网线连接管理 PC。因此，只要将管理 PC 的 IP 地址配置成与 MA5683T 的带外网管地址在同一网段，即可远程登录 MA5683T 进行配置。此处，MA5683T 的带外网管地址为 172.24.15.36/24。

MA5683T 支持每个用户最多 4 次重复登录次数，支持 8 个 Telnet 用户同时登录。若一个用户管理一个 ONU，本实训平台共可下挂 8 个 ONU 设备，同时实现 8 个小组的操作。

为讲解方便，关于 GPON 的所有实训均选择一个 MA5626（FTTB 设备）和一个 HG850a（FTTH 设备）的业务配置进行阐述。

8.2.2　数据规划

GPON 基本业务配置数据规划如表 8-1 所示。

表 8-1　　　　　　　　　　　**GPON 基本业务配置数据规划表**

配　置　项	FTTH（HG850a）数据	FTTB（MA5626）数据
OLT 带外网关 IP	172.24.15.36/24	
管理 PC 的 IP	172.24.15.x/24	
GPON 单板	GPON 接口：0/0/0；上行接口 0/9/0	GPON 接口：0/0/0；上行接口 0/9/0

8.3　实训步骤及记录

8.3.1　实训步骤 1：配置管理 PC 的 IP 地址，登录 MA5683T

（1）将管理 PC 的静态 IP 地址配置在 172.24.15.x/24 网段，在 Windows 的 CMD 模式下 Ping 通 OLT 的带外网管 IP 172.24.15.36，在命令输入界面中，输入"telnet 172.24.15.36"，即可登录 OLT（MA5683T）。

（2）进入 MA5683T 后，输入登录用户名：root 及登录密码：admin，进入 OLT 远程命令行（CLI）配置模式"MA5683T>"，如图 8-2 所示。

（3）在配置模式"MA5683T>"下，输入"enable"即可进入特权模式"MA5683T#"进行配置。

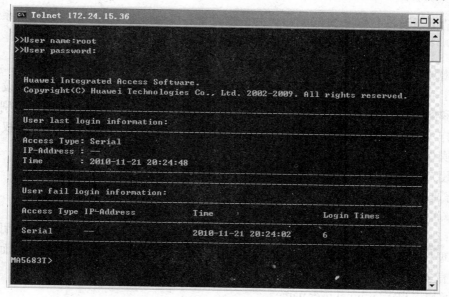

图 8-2 MA5683T 登录界面

8.3.2 实训步骤 2：在 OLT 特权模式下，进行 GPON 基本命令操作

（1）观察 MA5683T 设备的硬件结构，记录各单板的接口及运行状态，run 灯的状态。相关查询命令如下：

- 查所有单板总体情况：display board +框架号

eg: MA5683T#display board 0

- 查具体某个单板情况：display board +单板号（0/0，0/6，0/9）

eg: MA5683T#display board 0/0   //查询 GPON 板状态

（2）查询系统版本信息。

- 查询系统版本信息：MA5683T#display version
- 查询单板版本信息：display version 单板号（机框号/单板号）

eg: MA5683T#display version 0/6

（3）配置系统时间。

- 设置系统的当前时间：time。系统时间格式为：hh:mm:ss yyyy-mm-dd，即：时∶分∶秒年-月-日

eg：设置系统的当前时间为 2012 年 07 月 17 日 09:30:00

MA5683T# time 09:30:00 2012-07-17

- 查询系统时间：display time

eg: MA5683T#display time

（4）进入配置模式，并切换语言。命令如下。

MA5683T#config

MA5683T（config）# switch language-mode

注：对设备的绝大多数配置，都需在配置模式下进行。

（5）配置系统名称。

缺省情况下设备名称为 MA5683T，为区别设备，可用命令 sysname 修改设备系统名称。

```
eg: MA5683T（config）#sysname   5683T_1
     5683T_1（config）#
```

（6）增加系统操作用户。

为便于对 MA5683T 设备管理，可增加不同属性的系统操作用户，以实现对设备不同级别的访问和配置。根据分配的操作权限不同，MA5683T 将操作用户权限分四个级别：普通用户级、操作员级、管理员级和超级用户级。仅超级用户级及管理员级别的用户有权限进行增加用户的操作，增加比自身级别低的用户。

操作用户操作管理权限如下所示。

① 普通用户级：仅执行基本的系统操作以及简单的查询操作。

② 操作员级：可对设备、业务进行配置。

③ 管理员级和超级用户级：两者都可执行所有配置操作，且可负责对设备、用户账号以及操作管理权限进行维护管理。但超级用户仅有一个，是系统最高级别的用户；而管理员级用户可以有多个。

● 增加用户：terminal user name

```
eg: MA5683T（config）# terminal user name
     User Name(length<6,15>):root10 //用户名（账号）
     User Password(length<6,15>):root123//密码。注意：维护终端上不显示该密码
     Confirm Password(length<6,15>): root123//再次输入该密码。维护终端上不显示
     User profile name(<=15 chars)[root]: //用户模板名，直接回车即可
     User's Level:
     1. Common User 2. Operator 3. Administrator :1//选择用户级别
     Permitted Reenter Number(0--4):3//同一账号可重登录次数
     User's Appended Info(<=30 chars):user//用户的附加信息
     Adding user succeeds
     Repeat this operation? (y/n) [n]:n//是否再添加用户
```

● 查询操作用户信息：display terminal user all/具体的用户名

```
eg: MA5683T （config）#display terminal user all
     MA5683T （config）#display terminal user root10
```

（7）创建 VLAN，查看 VLAN。

● 用 vlan 命令创建 VLAN：eg：MA5683T（config）#vlan 10 smart

● 用 display vlan <all>查询所有 VLAN 的总体情况：MA5683T#display vlan all

● 用 display vlan <vlan 号>查询特定 VLAN 的情况：MA5683T#display vlan 10

● 用 undo vlan 命令删除 VLAN：eg：MA5683T（config）#undo vlan 10

● 用 port vlan 命令将某端口加入 VLAN：

```
eg: MA5683T（config）#port vlan 10 0/9 0  //将上联口 0/9/0 加入 vlan10
```

● 用 display port vlan 命令查询某端口透传的 VLAN 情况

```
eg: MA5683T#display port vlan 0/9/0   //查询上联口加入的 VLAN 情况
```

● 用 undo port vlan 删除接口透传的某 VLAN

```
eg: MA5683T（config）#undo port vlan 10 0/9 0 //将上联口 0/9/0 从 vlan10 删除
```

（8）配置 MA5683T 的带内网管 IP，步骤如下。

① 创建网管 VLAN：eg：MA5683T（config）#vlan 80 smart

② 配置带内 IP：eg：MA5683T（config）#interface vlanif 80

```
MA5683T(config-vlanif80)# ip address 192.168.80.1 255.255.255.0
MA5683T (config-vlanif80) # quit  //返回上一级
```

③ 将上联口加入网管 vlan：eg: MA5683T（config）#port vlan 80 0/9 0

通过以上 3 步，即可实现带内网管 IP 的配置。

● .相关查询命令：用 display　interface vlanif <网管 vlan 号>查询带内网管 IP

```
eg: MA5683T (config)#display interface vlanif 80
```

● .在上述 3 步完成后，若要删网管 VLAN，直接用 undo vlan 命令删除是不行的，因为该 VLAN 绑定了端口，且在该 VLAN 上配置了 IP（即：配置了三层接口），所以应该先解绑定端口并删除配置的 VLAN 后，才能再删除 VLAN。步骤如下：

① 用 undo interface vlanif 删除网管 IP

```
eg: MA5683T (config)#undo  interface vlanif 80
```

② 解绑定相应的端口

```
eg: MA5683T (config)#undo  port vlan 80 0/9 0
```

③ 删除 vlan：eg：MA5683T（config）#undo vlan 80

（9）查询带外网管 IP 地址：MA5683T（config）#display interface meth 0。

注意：带内网管 IP 和带内网管 IP 必须配置在不同的网段。

8.4　总结

① 通过本次实训，熟悉实训室组网，熟悉 MA5683T 上下行设备，熟悉基本的操作配置命令。

② 查询操作用 display 命令，删除操作一般用 undo 命令。

③ 可用上光标键↑、下光标键↓查看历史命令。

④ TAB 键的使用：当输入的命令字符的前几个字母在该模式下已经是唯一的命令时，单击 TAB 键可自动补全命令，如：进入特权模式时，输入 "en"，即可代表 "enable"，这时单击 TAB 键可以自动补全为 "enable"。

⑤ "？" 键的使用一：在命令提示符后输入 "？"，可以得到当前可用命令的帮助信息。如：MA5683T（config）#?

⑥ "？" 键的使用二：在完整的关键字后输入 "？"，可以得到与当前命令关键字相匹配的命令的简单帮助及其使用的参数。如：MA5683T（config）#display ?

⑦ "？" 键的使用三：在不完整的命令关键字之后使用 "？"，可以得到与当前命令关键字相匹配的。如：MA5683T（config）#display v?

⑧ 删除某 VLAN 前，需要首先删除该 VLAN 的三层接口、上行端口和业务虚端口，且该 VLAN 不能是任何端口的缺省 VLAN。

8.5　思考题

（1）记录各单板的接口及运行状态，run 灯的状态。

单板类型	槽　位　号	接口类型及数量	单　板　状　态	run 灯状态
GPBC				
SCUL				
GICF				

（2）如何配置带内网管？写出相应的配置命令。

（3）如何查询 OLT 的带内和带外 IP 地址？分别写出相应的查询命令。

（4）请说出带内网管和带外网管的区别？它们能否配置在同一网段？

第 9 章 MA5683T 基本上网业务开通配置

9.1 实训目的

- 掌握 MA5683T 基本上网业务的开通步骤及命令。
- 掌握 MA5683T 基本上网业务不通时的基本检查步骤及命令。
- 掌握 MA5683T 基本上网业务的删除步骤及命令。

9.2 实训规划（组网、数据）

9.2.1 组网规划

实训组网图与第 8 章的实训组网图相同。

9.2.2 数据规划

MA5683T 基本上网业务数据规划如表 9-1 所示。

表 9-1   MA5683T 基本上网业务数据规划

配 置 项	FTTH（HG850a）数据	FTTB（MA5626）数据
GPON 单板	GPON 接口：0/0/0；上行接口 0/9/0	GPON 接口：0/0/0；上行接口 0/9/0
ONU	ID：1，与 PC 接口：eth 1 Sn: 48575443C1538302	ID：2，与 PC 接口：eth 0/1/1 带内管理 IP：192.168.20.5/24 Sn: 48575443DB9DC742 password-auth: huawei
VLAN	VLAN 类型：Smart 管理 VLAN：vlan 10 带内管理 IP：192.168.10.1/24 业务 VLAN：vlan 11	VLAN 类型：Smart 管理 VLAN：vlan 20 带内管理 IP：192.168.20.1/24 业务 VLAN：vlan 21
DBA 模板	Internet 业务索引号：10； 模板类型：type5； 带宽类型：固定带宽：1Mbit/s， 保证带宽：10Mbit/s，最大带宽： 100Mbit/s	Internet 业务索引号：11； 模板类型：type5； 带宽类型：固定带宽：1Mbit/s， 保证带宽：10Mbit/s，最大带宽： 100Mbit/s

续表

配　置　项	FTTH（HG850a）数据	FTTB（MA5626）数据
GEM Port	GEM Port ID：0	GEM Port ID：1
T-CONT	ID：4	ID：5
Service port	0	管理：1 业务：2

9.3　实训原理

与"ADSL 基本数据业务配置"相同。

9.4　实训步骤与记录

在本实训中，宽带用户通过 PPPoE 协议接入互联网。根据我们前面对 PPPoE 协议原理的讲解，我们了解到，在整个 PPPoE 协商过程中，对话的双方一个是用户 PC，一个是 BAS，而它们之间连接的设备，即接入网设备和二层交换机等，它们不解释具体的网络层的数据，它们的作用就是为用户 PC 和 BAS 之间建立起通畅的数据通路，也就是实现二层——数据链路层的链接。因此，我们要做的事情，就是对接入网设备进行二层——数据链路层的配置，即主要思想就是：划分用户 vlan，让相应的端口透传用户 vlan。

在 GPON 网络中，OLT 与 ONU 之间的数据传输采用一种类似 ATM 的虚连接方式，在这条虚连接中，真正承载数据流的通道我们称之为 GEM Port，用 Port-ID 标识。因此，我们除了把一些实端口（如 OLT 的上联口、ONU 的用户侧接口等）加入用户 vlan 外，还必须把用户 vlan 映射到相应的 GEM Port 中。另外，在 GPON 网络中，由于采用了良好的 QoS 控制机制，需要根据不同业务对带宽的不同要求动态分配带宽，T-CONT 就是承载具有某一种 QoS 要求的缓存。T-CONT 用 Alloc-ID 标识。也就是说在业务配置时，必须指定相应的业务放在哪一个或哪几个 T-CONT 中。ONU、T-CONT、GEM Port 的对应关系是：一个 ONU 可以对应几个 T-CONT，一个 T-CONT 可以对应几个 GEM Port。

综上，我们要做的配置就是创建用户 vlan，并把相应的实端口以及 GEM Port 加入用户 vlan。为了把用户 vlan 映射到某个 GEM Port 中，需要首先创建限速模板 DBA-profile，然后把限速模板与 T-CONT 绑定，这样这个 T-CONT 就具有了某一种 QoS 机制。再创建 GEM Port，把它与某个 T-CONT 绑定，最后把用户 vlan 映射到 GEM Port 中，这样承载这个用户 vlan 的模板就完全创建好了。但是这时，这个模板还没有和具体的 ONU 对应起来，因此，需要把某个 ONU 和刚才创建的某个 GEM Port 模板绑定，即说明是哪个 ONU 的哪个 vlan 具有哪种 QoS 机制，映射到哪个 GEM Port 进行承载，也就是说建立起一条真正的虚连接。这个绑定关系我们称之为"业务虚端口"，我们称这个过程为"添加业务虚端口"。

在本例中，业务 DBA 模板采用"固定带宽＋保证带宽＋最大带宽"方式，即 type5。

相应的实训步骤如下所述。

9.4.1　实训步骤 1：配置管理 PC 的 IP 地址，登录 MA5683T

具体过程见 8.3.1 小节。

9.4.2　实训步骤 2：在 OLT 特权模式下，进行 GPON 基本数据业务开通配置

根据华为 GPON 设备中，ONU 可分为 ONT 和 MDU 两种类型及其对应的应用场合类型 FTTH 和 FTTB，本次 Ethernet 业务配置也分为两种情况。下面分别进行讲述。

1. FTTH Ethernet 业务配置

对于 FTTH 设备，所有业务配置在 OLT 上进行，相关数据会从 OLT 上远程下发各 ONU。

● 配置流程，如图 9-1 所示。

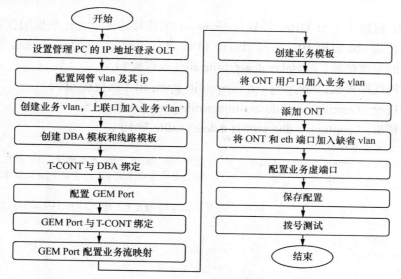

图 9-1　基于 GPON 的 FTTH 基本上网业务配置流程图

● 业务配置代码及说明

```
//Step1: 创建业务 vlan，上联口加入业务 vlan
vlan 11 smart            //创建宽带业务 vlan 11
port vlan 11  0/9 0    //上行端口 0 加入宽带业务 vlan 11
```

> 由于本实训系统采用的 BAS 不能划分 VLAN，所以需要配置上联口的保留 vlan。若 BAS 能划分 VLAN，则这部分代码可省去。

```
interface giu 0/9        //进入上联板配置模式。进入单板配置的命令为：
                         （config）#interface 单板名 机框号/槽位号
                             单板名：giu：上联板；gpon：gpon 用户板
                         本例中，上联板在 0/9，即 0 框 9 槽；GPON 板在 0/0，即 0 框 0 槽
native-vlan 0 vlan 11    //设置端口的缺省 vlan。"0"：端口号，"11"：宽
                         带业务 vlan
quit
```

```
//Step2: 创建模板
dba-profile add profile-id 10 type5 fix 1024 assure 10240 max 102400
//增加 DBA 模板（限速模板），模板 ID 为 10，模板类型为 5，固定带宽为 1M，保证带宽为 10M，最大带宽为 100M。

ont-lineprofile gpon profile-id 5    //增加一个 GPON ONT/MDU 线路模板，ID 为 5
tcont 4 dba-profile-id 10            //创建一条承载 ETH 业务的通道：T-CONT 为 4，绑定 DBA 模板 10
gem add 0 eth tcont 4               //增加 GEM 封装，gemport 索引为 0，绑定 T-CONT4 并映
                                     射到 ONT/MDU 的 ETH 端口
mapping-mode vlan                   //配置线路模板映射模式
gem mapping 0 0 vlan 10             //配置 gem 的映射方式，gemport 0 的第 0 个索引与 vlan
                                     10 绑定
                           第 1 个 0: gemport 的索引号；第 2 个 0: gem mapping 的索引号
gem mapping 0 1 vlan 11             // gemport 0 的第 1 个索引与 vlan 11 绑定
Commit                             //让配置生效
Quit
```

（注：tcont 提供了一个 DBA 模板与 gemport 的连接通道。上述模板配置完后，创建了 gemport 0，它使用 dba 模板 10，并与 vlan10 和 11 进行了绑定。相关的查询命令如下。

查询系统的限速模板：#display dba-profile all（或模板 id 号）

查询系统的线路模板：#display ont-lineprofile gpon all（或模板 id 号）

删除线路模板：（config）# undo ont-lineprofile gpon profile-id 5

删除限速模板：（config）# dba-profile delete profile-id 10

```
//Step3: 创建业务模板
ont-srvprofile gpon profile-id 5     //增加一个 GPON ONT 业务模板，ID 为 5。用于上网业务
ont-port pots 2 eth 4               // ONT 支持 2 个 POTS（语音口）端口和 4 个 ETH 端口

port vlan eth 1 11                  //配置 ont 的 eth 用户端口，eth1-4 均加入宽带业务 vlan110
port vlan eth 2 11
port vlan eth 3 11
port vlan eth 4 11
commit                             //让配置生效
quit
```

```
//Step4: 添加 ont
interface gpon 0/0              //进处 GPON 业务接入单板
port 0 ont-auto-find enable
```
//将 0 端口的自动发现 ONT 功能打开。等待其进行查找到 GPON 终端的 SN，需 2～3 min（可以在 enable 与 disable 间操作，如：HG850a sn: 48575443C1538302, MA5626 sn:48575443DBA1A942）---执行此命令后得重新启动 GPON 终端，等待出现 SN 即可

display ont autofind 0   //查看自动发现的 ONT/MDU，系统会显示如图 9-2 类似界面：

图 9-2　查看自动发现的 ONT/MDU

//如 SN 上报完毕则执行下面的 ONT 添加工作。

ont add 0 1 sn-auth 48575443C1538302 omci ont-lineprofile-id 5 ont-srvprofile-id 5

//在 GPON 单板的 0 端口增加 1 号 ONT，根据系统自动上报 ONT 的序列号 48575443C1538302 确认此 ONT，由 OLT 通过 OMCI 协议对其进行管理，绑定和 ONT 匹配的线路模板 5 和业务模板 5。ONT 的 Id 号必须与系统自动发现时给定的 ID 号一致，若该 ONT 有密码，必须还带上密码认证。本实训项目中，ONT 只需采用 sn-auto，MDU 除了 sn-auto，还需 password-auto

//Step5：将 ont 的 eth 端口加入缺省 vlan

ont port native-vlan 0 1 eth 1 vlan 11　//将 1 号 ONT 的 ETH1 端口加入缺省 VLAN11
ont port native-vlan 0 1 eth 2 vlan 11　//将 1 号 ONT 的 ETH2 端口加入缺省 VLAN11
ont port native-vlan 0 1 eth 3 vlan 11　//将 1 号 ONT 的 ETH3 端口加入缺省 VLAN11
ont port native-vlan 0 1 eth 4 vlan 11　//将 1 号 ONT 的 ETH4 端口加入缺省 VLAN11

display ont info 0 all　　//查询所有 ONT 的配置信息是否正确

Quit

//Step6：添加业务虚端口

service-port 0 vlan 11 gpon 0/0/0 ont 1 gemport 0 multi-service user-vlan 11 rx-cttr 6 tx-cttr 6

//将 1 号 ONT 设备加入业务虚端口，GEM 端口标识为 0，支持多业务，接收和发送的流量模板都为 6

至此，ont 的宽带业务配置结束，即可进行拨号测试。

2. FTTB Ethernet 业务配置

与 FTTH 设备的配置有所不同，对于 FTTB 设备，除了需在 OLT 上作相应配置外，还应登录到 ONU 上作配置。对于在 ONU 上的配置，可通过 ONU 上的串口对 ONU 实现本地配置，也可以从 OLT 上通过带内网管登录到 ONU，进行远程配置。本实训采用远程配置方式，因此，需在 OLT 上配置 OLT 的带内网管 IP 及 ONU 的带内网管 IP，两个 IP 地址应属于同一网段。

● 配置流程

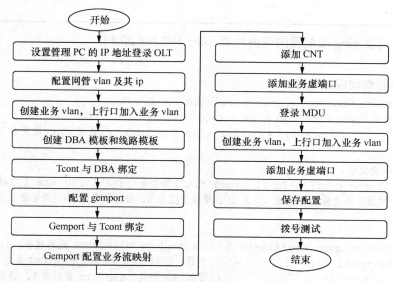

图 9-3　基于 GPON 的 FTTB 基本上网业务配置流程图

● 业务配置代码及说明

```
//Step1: 创建带内网管 vlan, 配置 OLT 的带内网管 IP
vlan 20 smart              //创建网管 vlan 20
interface vlanif 20
ip address 192.168.20.1 255.255.255.0  //配置管理 vlan 的 IP
quit
```

（注：相关的查询或删除命令：

查询系统状态：#display board 0

查询单板信息：#display board 0/0   0/0：机框号/槽位号

查询所有 vlan/特定 vlan：#display vlan all（或 vlan 号）

查询带内网管 IP：#display interface vlanif 20

删除带内网管 IP：（config）#undo interface vlanif 20

删除 vlan：（config）#undo vlan 20）

```
port vlan 20  0/9 0   //上行端口 0 加入网管 vlan 20

//Step2: 创建业务 vlan, OLT 上联口加入业务 vlan
vlan 21 smart              //创建宽带业务 vlan 21
port vlan 21  0/9 0   //上行端口 0 加入宽带业务 vlan 21
```

> 由于本实训系统采用的 BAS 不能划分 VLAN，所以需要配置上联口的保留 vlan。若 BAS 能划分 VLAN，则这部分代码可省去。

```
interface giu  0/9      //进入上联板配置模式。进入单板配置的命令为：
                        （config）#interface 单板名 机框号/槽位号
                        单板名：giu：上联板；gpon：gpon 用户板
                        本例中，上联板在 0/9，即 0 框 9 槽；GPON 板在 0/0，即 0 框 0 槽
native-vlan 0 vlan 21  //设置端口的缺省 vlan。"0"：端口号，"21"：宽
                        带业务 vlan
quit
```

（注：现在可以 ping 通配置的带内网管:ping 192.168.20.1）

（注：相关的查询或删除命令:

删除端口的 vlan:（config）# undo port vlan 20 0/9 0
删除配置的缺省 vlan:（config）# interface giu 0/9
　　　　　　　　　（config）# native-vlan 0 vlan 1 //缺省 vlan 恢复为 1）

```
//Step3: 创建模板
dba-profile add profile-id 11 type5 fix 1024 assure 10240 max 102400
//增加 DBA 模板（限速模板），模板 ID 为 10，模板类型为 5，固定带宽为 1M，保证带宽为 10M，最大带宽
为 100M

ont-lineprofile gpon profile-id 5  //增加一个 GPON ONT/MDU 线路模板，ID 为 5
tcont 5 dba-profile-id 11            //创建一条承载 ETH 业务的通道：TCONT 为 5，绑定 DBA 模板 11
gem add 1 eth tcont 5               //增加 GEM 封装，gemport 索引为 1，绑定 TCONT4 并映射
到 ONT/MDU 的 ETH 端口
```

```
mapping-mode vlan                    //配置线路模板映射模式
gem mapping 1 0 vlan 20              //配置gem的映射方式，gemport 1 的第 0 个索引与 vlan 20 绑定
                                     1：gemport 的索引号； 0：gem mapping 的索引号
gem mapping 1 1 vlan 21             // gemport 1 的第 1 个索引与 vlan 21 绑定
Commit                              //让配置生效
Quit
```

（注：tcont 提供了一个 DBA 模板与 gemport 的连接通道。上述模板配置完后，创建了 gemport 0，它使用 dba 模板 10，并与 vlan10 和 11 进行了绑定。相关的查询命令：

查询系统的限速模板：#display dba-profile all（或模板 id 号）

查询系统的线路模板：#display ont-lineprofile gpon all（或模板 id 号）

删除线路模板：（config）# undo ont-lineprofile gpon profile-id 5

删除限速模板：（config）# dba-profile delete profile-id 10)

```
//Step4: 添加 ont
interface gpon 0/0
//进处 GPON 业务接入单板
port 0 ont-auto-find enable
```

//将 0 端口的自动发现 ONT 功能打开。等待其进行查找到 GPON 终端的 SN，需 2～3min（可以在 enable 与 disable 间操作，如：HG850a sn: 48575443C1538302, MA5626 sn:48575443DBA1A942）

---执行此命令后得重新启动 GPON 终端，等待出现 SN 即可

```
display ont autofind 0
//查看自动发现的 ONT/MDU
ont confirm 0 ontid 2 sn-auth 48575443DB9DC742 password-auth huawei snmp
ont-lineprofile-id 5
```

//在 GPON 单板的 0 端口增加 2 号 ONT，由 OLT 通过 snmp 协议对其进行管理。根据系统自动上报 ONT 的序列号 48575443DB9DC742 和密码 huawei 确认此 ONT，绑定和 ONT 匹配的线路模板 5

```
//Step5: 配置 onu 静态带内网管 IP
ont ipconfig 0 2 static ip-address 192.168.20.5 mask 255.255.255.0 gateway
192.168.20.1 vlan 20
```

//配置 GPON 单板 0 端口 2 号 ONT 的带内管理地址，掩码和网关，并加入管理网管 VLAN20

```
display ont info 0 all    //查询所有 ONT 的配置信息是否正确

quit
//step6: 配置业务虚端口
service-port 1 vlan 20 gpon 0/0/0 ont 2 gemport 1 multi-service user-vlan 20 rx-cttr
6 tx-cttr 6
```

//配置网管业务虚端口。将 2 号 ONT 设备加入业务虚端口 1，GEMport 端口标识为 1，支持多业务，接收和发送的流量模板都为 6

```
service-port 2 vlan 21 gpon 0/0/0 ont 2 gemport 1 multi-service user-vlan21 rx-cttr
6 tx-cttr 6
```

//配置宽带业务虚端口。将 2 号 ONT 设备加入业务虚端口 2，GEMport 端口标识为 1，支持多业务，接收和发送的流量模板都为 6

```
//Step7: 登录 MDU，进入配置模式
telnet 192.168.20.5    //登录 MA5626，完成 MDU 侧数据的配置
```

（注：在 olt 侧的业务配置完成，接着登录 MDU 进行配置。

登录前，先测试一下到 MDU 的通道是否打通：ping 192.168.20.5

Ping 通后，即可登录 MA5626，完成 MDU 侧数据的配置。

进入 MA5626 的远程配置页面后，输入以下命令即可）

```
=============================================
MA5626 侧配置
=============================================
root              //MA5626 的登录用户名为 root
mduadmin          //MA5626 的登录密码为 mduadmin

enable
config
switch language-mode  //切换语言
//step8 :创建业务 vlan, MDU 的上联口加入业务 vlan
vlan 21 smart          //创建宽带 VLAN21

port vlan 21 0/0 1         //将上行端口 1 加入 VLAN21

//step9: 将 MDU 的 eth 口加入业务虚端口
service-port 0 vlan 21 eth 0/1/1 multi-service user-vlan untagged rx-cttr 6 tx-cttr 6
service-port 1 vlan 21 eth 0/1/2 multi-service user-vlan untagged rx-cttr 6 tx-cttr 6
service-port 2 vlan 21 eth 0/1/3 multi-service user-vlan untagged rx-cttr 6 tx-cttr 6
service-port 3 vlan 21 eth 0/1/4 multi-service user-vlan untagged rx-cttr 6 tx-cttr 6
service-port 4 vlan 21 eth 0/1/5 multi-service user-vlan untagged rx-cttr 6 tx-cttr 6
service-port 5 vlan 21 eth 0/1/6 multi-service user-vlan untagged rx-cttr 6 tx-cttr 6
service-port 6 vlan 21 eth 0/1/7 multi-service user-vlan untagged rx-cttr 6 tx-cttr 6
service-port 7 vlan 21 eth 0/1/8 multi-service user-vlan untagged rx-cttr 6 tx-cttr 6
service-port 8 vlan 21 eth 0/1/9 multi-service user-vlan untagged rx-cttr 6 tx-cttr 6
service-port 9 vlan 21 eth 0/1/10 multi-service user-vlan untagged rx-cttr 6 tx-cttr 6
service-port 10 vlan 21 eth 0/1/11 multi-service user-vlan untagged rx-cttr 6
tx-cttr 6
service-port 11 vlan 21 eth 0/1/12 multi-service user-vlan untagged rx-cttr 6
tx-cttr 6
service-port 12 vlan 21 eth 0/1/13 multi-service user-vlan untagged rx-cttr 6
tx-cttr 6
service-port 13 vlan 21 eth 0/1/14 multi-service user-vlan untagged rx-cttr 6
tx-cttr 6
service-port 14 vlan 21 eth 0/1/15 multi-service user-vlan untagged rx-cttr 6
tx-cttr 6
service-port 15 vlan 21 eth 0/1/16 multi-service user-vlan untagged rx-cttr 6
tx-cttr 6
```

3. 对命令行中 DBA 的理解

增加 DBA 命令：DBA-profile add。

- **命令功能**

此命令用于增加 DBA（Dynamic Bandwidth Assignment）模板。T-CONT 是 ONT 上的物理资源，只有绑定了 DBA 模板后，才能够用于承载业务。当系统缺省的 DBA 模板不能够满足业务需求时，使用此命令新增一个 DBA 模板。

- **命令格式**

DBA-profile add [**profile-id** *profile-id*] [**profile-name** *profile-name*] { **type1 fix**

fix-bandwidth [**bandwidth_compensate** *bandwidth_compensate*] | **type2 assure** *assure-bandwidth* | **type3 assure** *assure-bandwidth* **max** *max-bandwidth* | **type4 max** *max-bandwidth* | **type5 fix** *fix-bandwidth* assure *assure-bandwidth* **max** *max-bandwidth* }

DBA-profile add 命令参数说明如表 9-2 所示。

表 9-2　　　　　　　　　　　**DBA-profile add 命令参数说明**

参　　数	参　数　说　明	取　　值
profile-id *profile-id*	DBA 模板编号。如果不指定，系统自动分配最小的空闲模板号	数值类型，取值范围：10～512
profile-name *profile-name*	DBA 模板名称。如果不指定，系统自动采用缺省命名 "DBA-profile_x"，其中 "x" 为 DBA 模板的编号	字符串类型，可输入的字符串长度为 1～33 个字符
type1	配置类型为固定带宽的 DBA 模板	-
Type2	配置类型为保证带宽的 DBA 模板	-
Type3	配置类型为保证带宽 + 最大带宽的 DBA 模板	-
Type4	配置类型为最大带宽的 DBA 模板	-
type5	配置类型为固定带宽 + 保证带宽 + 最大带宽的 DBA 模板	-
fix *fix-bandwidth*	固定带宽。此部分带宽固定分配给用户，即使该用户不使用，其他用户也不可以占用	数值类型，取值范围：128～1235456kbit/s 单位：kbit/s
assure *assure-bandwidth*	保证带宽。此部分带宽分配给用户，如果用户没有使用，其他用户可以占用此部分带宽	数值类型，取值范围：128～1235456kbit/s 单位：kbit/s
max *max-bandwidth*	最大带宽。此带宽指某用户可以使用的最大的带宽值 在 type3 类型的 DBA 模板中，最大带宽必须大于或等于保证带宽 在 type5 类型的 DBA 模板中，最大带宽必须大于或等于固定带宽与保证带宽之和	数值类型，取值范围：128～1235456kbit/s 单位：kbit/s

小结：创建的 DBA 模板的作用是为了 T-CONT 引用，如果 T-CONT 没有引用，所创建的 DBA 没有任何意义；DBA 有 5 种类型，根据业务需求选择相应类型。

9.4.3　实训步骤 3：拨号测试

1. 连线

用网线将用户 PC 与 ONU 相连，即网线的一端插入用户 PC 的网口，另一端插入 ONU（MDU/ONT）的 eth 口。应看到网口显示灯亮，表明网络通路正常。

2. 拨号测试

单击桌面的"宽带连接"，输入正确的账号和密码（在 BAS 中设置的），单击"确认"按钮看能否连接上网络。

3. 查看上网后用户 PC 获得的 IP

单击"运行",输入 cmd,单击"确定"-在命令行输入界面中输入命令:ipconfig,查看获得的 IP 地址是多少。

9.4.4 实训步骤 4:删除宽带业务配置

删除操作是业务开通配置过程的逆过程。删除操作的主要思想是删除用户的 vlan。但是,删除 VLAN 时需要具备以下条件:①不包含上行端口;②没有配置三层接口;③没有加入业务虚端口;④不是缺省 VLAN 1。因此,首先应该删除业务虚端口,将 ONU 和 gemport 模板解绑定,然后可以分别删除 ONU 和 gemport 模板;接着删除三层接口,解绑定上行端口,最后删除 vlan。具体删除步骤如下。

1. FTTH 业务的删除

```
//Step1: 删除业务虚端口
undo service-port 0
y

//step2: 删除 ont
interface gpon 0/0
undo ont ipconfig 0 1
ont delete 0 1
y

port 0 ont-auto-find disable  //取消用户板 0 号端口的 ont 自动发现
quit

//step3: 删除业务模板
undo ont-srvprofile gpon profile-id 5

//step4: 删除 gemport 模板
ont-lineprofile gpon profile-id 5
undo gem mapping 0 0
undo gem mapping 0 1   //删除 gemport 的 vlan 映射
gem delete 0          //删除 gemport
undo tcont 4          //删除 tcont
commit
quit

dba-profile delete profile-id 10   //删除限速模板 DBA 模板

//step5: 将业务 vlan 从上联口解绑定,并删除业务 vlan
undo port vlan 11 0/9 0
undo vlan 11

//step6: 将管理 vlan 从上联口解绑定,并删除其三层接口,删除管理 vlan
undo port vlan 10 0/9 0
undo interface vlanif 10
```

```
undo vlan 10
```

2．FTTB 宽带业务的删除

对于 FTTB 业务的删除，应该首先从 OLT 登录 MDU，删除 MDU 上的数据，再返回 OLT 删除 OLT 上的数据。具体命令及解释如下。

● MDU 的删除

```
//Step1: 从 OLT 登录 MDU
telnet 192.168.20.5
root              //MA5626 的登录用户名为 root
mduadmin          //MA5626 的登录密码为 mduadmin
enable
config


//Step2: 删除业务虚端口
undo service-port all

//Step3: 删除业务 vlan
undo port vlan 21 0/0 1
undo vlan 21

quit
quit
```

//最后确认退出了 MDU 命令提示符 5626>，进入 OLT 命令提示符 HUAWEI<config>

● OLT 的删除

```
//Step5: 删除业务虚端口
undo service-port 1
undo service-port 2
y


//step6: 删除 ont
interface gpon 0/0
undo ont ipconfig 0 2   //删除 MDU 的带内网管 IP
ont delete 0 2
y
port 0 ont-auto-find disable  //取消 0 号端口的 ont 自动发现
quit


//step7: 删除 gemport 模板
ont-lineprofile gpon profile-id 5
undo gem mapping 1 0
undo gem mapping 1 1
gem delete 1
undo tcont 5
commit
quit
dba-profile delete profile-id 11


//step8: 将业务 vlan 从上联口解绑定，并删除业务 vlan
```

```
undo port vlan 21 0/9 0
undo vlan 21

//step9: 将管理 vlan 从上联口解绑定，并删除其三层接口，删除管理 vlan
undo port vlan 20 0/9 0
undo interface vlanif 20
undo vlan 20
```

9.5　总结

① 通过本次实训，更进一步理解了 PPPoE 的基本过程，加深了 GPON 原理的理解，掌握了 MA5683T 基本数据业务开通的命令。

② 删除操作一般用 undo 命令，但如在配置时命令中有"add/confirm"等参数时，相应的删除操作不再用 undo 命令实现，而是将原配置语句中的 add/confirm 换成 delete，如：

添加 DBA 模板命令中有"add"参数，如下所示。

dba-profile add profile-id 11 type5 fix 1024 assure 10240 max 102400

则删除 DBA 模板命令为：dba-profile delete profile-id 11

③ 在 FTTB 的业务配置过程中，若无法从 OLT 远程登录 MDU，则说明从 OLT 到 MDU 的带内网管通道没通，应作以下检查操作。

```
//step1: 检查能否 ping 通 MDU 的带内网管 IP
ping 192.168.20.5

//step2: 检查是否已正确添加带内网管对应的业务虚端口且状态是否正常
display service-port all
(应查询到存在 service-port 1，状态正常，且其 ont 编号为 2，gemport 编号为 1，vlan 为 20)

//step3: 检查是否已正确配置 MDU 的带内网管 IP
interface gpon 0/0
display ont ipconfig 0 2   //正常情况是：2 号 ont 存在，且其 IP 为：192.168.20.5/24

//step4: 检查 gemport 是否已映射网管 vlan
display ont-lineprofile profile-id 5   //观察 tcont5 的配置，是否已绑定了
gemport1,gemport 1 是否已映射了 vlan20
//step5: 检查上联口是否已透传网管 vlan
display port vlan 0/9/0

//step6: 检查是否已正确配置 OLT 的带内网管 IP，或是否能 ping 通 OLT 的带内网管 IP
display interface vlanif 20
ping 192.168.20.1
```

④ 若拨号测试时，显示"无法建立连接"，则说明宽带业务配置不成功，应进行下列检查操作。

● FTTH 业务不通时

```
//step1: 检查是否已正确添加数据业务对应的业务虚端口且状态是否正常
display service-port all    //正常情况是：存在 service-port 0，状态正常，且其 ont 编号为
1, gemport 编号为 0，vlan 为 11
```

```
//step2: 检查 ont 配置是否正确, 状态是否正常
interface gpon 0/0
display ont info 0 1
```

```
//step3: 检查是否已将 ont 的 eth 端口加入了缺省 vlan11
interface gpon 0/0
display ont port attribute 0 1
```

```
//step4: 检查其业务模板是否配置正确
display ont-srvprofile profile-id 5    //正常情况是: 端口支持 2 个 pots 和 4 个 eth
                                            且 4 个 eth 口都透传 vlan 11
```

```
//step5: 检查 gemport 是否已映射业务 vlan 11
display ont-lineprofile profile-id 5     //观察 tcont 4 的配置, 是否已绑定了 gemport 0,
gemport 0 是否已映射了 vlan 11
```

```
//step6: 检查上联口是否已透传业务 vlan 11
display port vlan 0/9/0
```
● FTTB 业务不通时
```
//step1: 首先登录 MDU, 查询在 MDU 上的配置是否正确
  telnet 192.168.20.5
root          //MA5626 的登录用户名为 root
mduadmin      //MA5626 的登录密码为 mduadmin
enable
display service-port all //检查 MDU 下挂用户 PC 的 eth 口对应的业务虚端口状态是否为 "up" (即:
正常)
display port vlan 0/0/1   //检查 MDU 的上联口是否已透传业务 vlan 21
```

```
//step2: 返回 OLT, 检查是否已正确添加数据业务对应的业务虚端口且状态是否正常
telnet 192.168.20.1
display service-port all    //正常情况为: 存在 service-port 2, 状态正常, 且其 ont 编号为
2, gemport 编号为 1, vlan 为 21
```

```
//step3: 检查 gemport 是否已映射业务 vlan 21
display ont-lineprofile profile-id 5      //观察 tcont 5 的配置, 是否已绑定 gemport 1,
gemport 1 是否已映射了 vlan 21
```

```
//step4: 检查上联口是否已透传业务 vlan 21
display port vlan 0/9/0
```

9.6　思考题

（1）本组操作的 ONU 的带内 vlan 是多少?带内网管 IP 地址是多少?

（2）本实训使用的 OLT 的上联口在哪个槽位?带内网管 IP 地址是多少?

（3）本组配置的宽带业务虚端口和网管业务虚端口是多少? 使用的 gemport 的 port 号是多少? tcont 号是多少? 该 tcont 对应的 DBA 模板和线路模板号分别是多少?

（4）ONT 和 MDU 的宽带业务配置有什么不同?

（5）分别写出管理 PC 远程登录 OLT（MA5683T）及从 OLT 远程登录 MDU 的命令。

（6）在本实训组网环境下，能否不经过 OLT 跳转，直接从管理 PC 登录 MDU（即在管理 PC 的 CMD 命令输入模式下，输入远程登录命令 telnet 192.168.20.5）？为什么？

（7）通过如下命令，能否查看已经成功添加的 onu 的信息？如果不行，那用什么命令可以查看？

```
interface gpon 0/0
port 0 ont-auto-find enable
display ont autofind 0
```

第 **10** 章 MA5683T 的 VoIP 业务配置（基于 SIP）

10.1 实训目的

- 理解 SIP 协议的定义、SIP 系统的构成、SIP 协议的消息类型以及典型的消息流程。
- 掌握 FTTH VoIP 语音业务配置步骤及命令。
- 掌握 FTTB + IAD VoIP 语音业务配置步骤及命令。

10.2 实训规划（组网、数据）

10.2.1 组网规划

组网简要说明：

图 10-1 为基于 GPoN 的 VoIP 业务配置组网图。MA5683T 通过 GPON 接口，接入远端 ONU 设备，为用户提供基于 IP 网络的高质量、低成本的 VoIP 电话服务。

局域网 TP-link 与 SIP 服务器相连，SIP 服务器提供软交换控制器功能。VoIP 基于 SIP 协议实现。

ONT 设备 HG850a 提供了两个 POTS 口，可以直接下挂两台模拟话机提供 VoIP 语音功能。

MDU 设备 MA5626 没有语音板，不提供语音处理功能，因此需要下挂 IAD，再通过 IAD 的 Tel 接口下挂模拟话机才能提供 VoIP 语音业务；模拟语音信息经过 IAD 处理成 IP 包后再经过 MDU 上行。

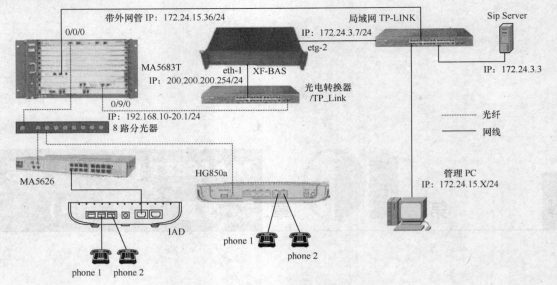

图 10-1　基于 GPON 的 VoIP 业务配置组网图

10.2.2　数据规划

基于 GPON 的 VoIP 业务配置数据规划如表 10-1 所示。

表 10-1　　　　　　　　　　**基于 GPON 的 VoIP 业务配置数据规划**

配　置　项	FTTH（HG850a）数据	FTTB（MA5626）数据
GPON 单板	GPON 接口：0/0/0 上行接口 0/9/0	GPON 接口：0/0/0 上行接口 0/9/0
ONU	ID：1；与 phone 接口：Tel 接口	ID：2；管理 IP：192.168.20.5/24
VLAN	VLAN 类型：Smart 业务 VLAN：vlan 11	VLAN 类型：Smart 管理 VLAN：vlan 20 ip：192.168.20.1 255.255.255.0 业务 VLAN：vlan 21
DBA 模板	VoIP 业务 索引号：11 模板类型：type1 固定带宽：1Mbit/s	VoIP 业务 索引号：11 模板类型：type1 固定带宽：1Mbit/s
GEM Port	GEM Port ID：0	GEM Port ID：1
T-CONT	ID：4	ID：5
Service port	0	管理：1 业务：2
HG850a	SIP Local Port：5060	
	Register Server Address： 172.24.3.3	
	Register Server Port：5060 语音 IP：通过 BAS 的 DHCP 分配	

续表

配　置　项	FTTH（HG850a）数据	FTTB（MA5626）数据	
IAD 设备 （下挂在 MA5626 的 eth 口上）		IAD 设备语音 IP：200.200.200.7	
		IAD 的 EID 标志：iadsip7.com	
		SIP 服务器 IP：172.24.3.3	
		与 phone 接口：Tel 接口	
电话号码 及端口（密码）	用户 1：5813101；绑定端口 ID：0	用户 1：5813103；密码：123456	
	用户 2：5813102；绑定端口 ID：1	用户 2：5813104；密码：123456	

10.3　实训原理——VoIP 及 SIP 简介

10.3.1　VoIP 简介

VoIP 即 Voice Over IP，即通过 IP 网络传输语音信息，通俗来说也就是互联网电话、网络电话或者简称 IP 电话。VoIP 的基本原理是：通过语音的压缩算法对语音数据编码进行压缩处理，然后把这些语音数据按 TCP/IP 标准进行打包，经过 IP 网络把数据包送至接收地，再把这些语音数据包串起来，经过解压处理后，恢复成原来的语音信号，从而达到由互联网传送语音的目的。VoIP 最大的优势是能广泛地采用 Internet 和全球 IP 互连的环境，提供比传统业务更低廉、更方便、更灵活的服务。在传统电话系统中，实现一次通话从建立系统连接到拆除连接都需要一定的信令来配合完成。同样，在 IP 电话中，如何寻找被叫方、如何建立应答、如何按照彼此的数据处理能力发送数据，也需要相应的协议。目前比较常用的 IP 电话方面的协议包括 SIP、MEGACO/H248 和 MGCP。本实训平台选用 SIP 协议。

SIP（Session Initiation Protocol，会话发起协议）是在 1999 年由 IETF 提出的 IP 电话信令协议。它的开发目的是用来建立、修改和终止基于 IP 网络的包括视频、语音、即时通信、在线游戏和虚拟现实等多种多媒体元素在内的交互式用户会话。SIP 协议是用于 VoIP 最主要的信令协议之一，下面对 SIP 协议做一些简要介绍。

10.3.2　SIP 系统基本构成

按逻辑功能区分，SIP 系统由 4 种元素组成：用户代理、代理服务器、重定向服务器以及注册服务器。如图 10-2 所示。

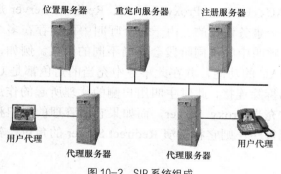

图 10-2　SIP 系统组成

● 用户代理（User Agents，UA）

用户代理是一个发起和终止会话的实体，它能够代理用户所有的请求和响应。用户代理包括两个部分：用户代理客户机（User Agent Clients，UAC）和用户代理服务器（User Agent Server，UAS）。UAC 负责发起和传送 SIP 请求，与服务器建立连接，也可称作主叫用户代理；UAS 负责接收 SIP 请求并作出响应，也可称作被叫用户代理。用户代理可以执行在不同的系统中，例如，可以是 PC 上的一个应用程序，也可以运行在 SIP 终端上。

● 代理服务器（Proxy Server）

代理服务器是 SIP 网络的核心，它代表其他客户机发起请求，进行 SIP 消息的路由转发功能，是既充当服务器又充当客户机的媒介程序。消息机制与 UAC 和 UAS 相似，但它在转发请求之前可能改写请求消息中的内容。

● 重定向服务器（Redirect Server）

重定向服务器用于在需要的时候将用户新的位置返回给请求方，请求方可根据得到的新位置重新呼叫。它与代理服务器 Proxy Server 不同的是，它只是将用户当前的位置告诉请求方，而不像代理服务器那样代理用户的请求（即不会发起自己的呼叫）。

● 注册服务器（Register Server）

注册服务器负责接受用户的注册请求并完成用户地址的注册。当用户上电或者到达某个新域时，需要将当前位置登记到网络中的某一个注册服务器上，以便其他用户找到该用户。

● 位置服务器（Location Server）

除了以上部件，网络还需要提供位置目录服务，以便在呼叫接续过程中为 SIP 重定向服务器（Redirect Server）或代理服务器（Proxy Server）提供被叫方（服务器或用户端）的具体位置。提供这种服务的功能实体就是位置服务器。它实际上是一个数据库。从严格意义上讲，该实体并不是 SIP 网络中的功能实体，但注册服务器、代理服务器和重定向服务器等设备在实现位置服务时都需要与位置服务器相配合。这部分协议不是 SIP 协议的范畴，可选用 LDAP（轻量目录访问协议）等。

SIP Proxy Server、Redirect Server、Register Server、Location Server 可共存于一个设备，也可以分布在不同的物理实体中。SIP 服务器完全是纯软件实现，可以根据需要运行于各种相关设备中。实际物理分布上，几种服务器可以继承在同一个设备上，在软交换网络中，代理、注册、重定向功能的服务器一般都由软交换核心设备充当。

值得注意的是，UAC、UAS、 Proxy Serve 、Redirect Server 是在一个具体事务中扮演的不同角色，是相对于事务而言的。由于一个呼叫中可能存在多个事务，因此对于同一个功能实体，在同一个呼叫中的不同阶段会充当不同的角色。例如，主叫用户在发起呼叫时，逻辑上完成的是 UAC 的功能，并在此事务中充当的角色都是 UAC；当呼叫结束时，如果被叫用户主动发起拆除连接，此时主叫用户侧的代理所起的作用就是 UAS；同理，一个服务器在正常呼叫时充当 Proxy Server，而如果它所管理的用户移到了其他地方，或者网络对被叫地址有特别策略，则它将扮演 Redirect Server 的角色，告知呼叫发起方该用户新的位置。

10.3.3　SIP 消息的组成

SIP 消息采用文本方式编码，分为两类：客户端发给服务器的请求消息和服务器到客户端的响应消息。请求消息和响应消息都包括 SIP 头字段和 SIP 消息字段。

- 请求消息

请求消息包括 INVITE，ACK，OPTIONS，BYE，CANCEL 和 REGISTER 消息。

① INVITE

发起会话请求，用于邀请用户参加一个会话。在 INVITE 请求的消息体中可对被叫方被邀请参加的会话加以描述，如主叫方能够接受的媒体类型及其参数。被叫方必须在成功响应消息的消息体中说明被叫方愿意接收哪种媒体，或者说明被叫方发出的媒体，服务器可以自动地用 200（OK）响应会议邀请。

② ACK

用于客户机向服务器证实它已经收到了对 INVITE 请求的最终响应。ACK 只和 INIVITE 请求一起使用。

③ OPTIONS

用于向服务器查询其能力。如果服务器认为它能与用户联系，则可用一个能力集响应 OPTIONS 请求；对于代理和重定向服务器只要转发此请求，不用显示其能力。

④ BYE

用户代理客户机用 BYE 请求向服务器表明它想释放呼叫。

⑤ CANCEL

取消尚未完成的请求，对于已完成的请求（即已收到最终响应的请求）则没有影响。

⑥ REGISTER

用于客户机向 SIP 服务器注册地址信息。

- 响应消息

① 1xx(Informational)

临时响应，表示已经收到请求、正在对其处理。

② 2xx(Success)

成功响应。表示请求已经成功地收到、理解和接受。

③ 3xx(Redirection)

重定向响应，表示为完成呼叫请求，还须采取进一步的动作。

④ 4xx(Client Error)

客户端出错，表示请求中有语法错误或不能被服务器执行。客户机需修改请求，然后再重发请求。

⑤ 5xx(Server Error)

服务器出错，表示服务器故障不能执行合法请求。

⑥ 6xx(Globoal Failure)

全局错误，表示任何服务器都不能执行请求。

其中，1xx 响应为暂时响应（Provisional Response），其他响应为最终响应（Final Response）。

10.3.4 SIP 基本会话过程

● 注册注销过程

SIP 为用户定义了注册和注销过程,其目的是可以动态建立用户的逻辑地址和其当前联系地址之间的对应关系,以便实现呼叫路由和对用户移动性的支持。逻辑地址和联系地址的分离也方便了用户,它不论在何处、使用何种设备,都可以通过唯一的逻辑地址进行通信。

注册/注销过程是通过 REGISTER 消息和 200 成功响应来实现的。在注册/注销时,用户将其逻辑地址和当前联系地址通过 REFGISTER 消息发送给其注册服务器,注册服务器对该请求消息进行处理,并以 200 成功响应消息通知用户注册注销成功,如图 10-3 所示。

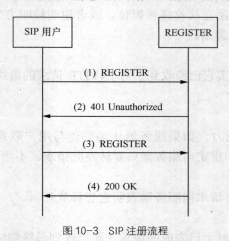

图 10-3 SIP 注册流程

① SIP 用户向其所属的注册服务器发起 REGISTER 注册请求,并携带注册信息如注册用户名、注册有效期等。

② 注册服务器返回 401 响应,要求用户进行鉴权。

③ SIP 用户发送带有鉴权信息的注册请求。

④ 注册成功。

SIP 用户的注销和注册更新流程基本与注册流程一致,只是在注销时 SIP 消息头字段中相关参数的值有所不同。

● 呼叫过程

SIP IP 电话系统中的呼叫是通过 INVITE 邀请请求、成功响应和 ACK 确认请求的三次握手来实现的,即当主叫用户代理要发起呼叫时,它构造一个 INVITE 消息,并发送给被叫。被叫收到邀请后决定接受该呼叫,就回送一个成功响应(状态码为 200)。主叫方收到成功响应后,向对方发送 ACK 请求。被叫收到 ACK 请求后,呼叫成功建立。如图 10-4 所示。

呼叫的终止通过 BYE 请求消息来实现。当参与呼叫的任一方要终止呼叫时,它就构造一个 BYE 请求消息,并发送给对方。对方收到 BYE 请求后,释放与此呼叫相关的资源,回送一个成功响应,表示呼叫已经终止,如图 10-5 所示。

当主、被叫双方已建立呼叫,如果任一方想要修改当前的通信参数(通信类型、编码等),可以通过发送一个对话内的 INVITE 请求消息(称为 re-INVITE)来实现。

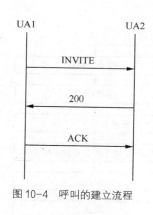

图 10-4　呼叫的建立流程

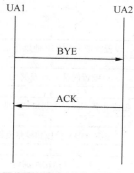

图 10-5　呼叫的终止流程

10.4　实训步骤与记录

在本实训组网中，所有 GPON 设备通过宽带接入服务器 BAS 接入。在这里，BAS 的主要作用是提供网络地址转换 NAT 等功能，即实现将 eth-1 口的 200.200.200.x/24 网段地址转换成在 eth-2 口的 172.24.3.7，SIP 服务器已经配置了这个 IP 地址并绑定了它所对应的电话号码。

BAS 的另一个作用是启用 DHCH 功能，为下挂的 HG850a/IAD 动态分配语音 IP 地址。为使学生体会不同的地址管理方式，在本例中，HG850a 的 IP 采用 DHCP 分配方式，IAD 的地址采用静态地址，但是该地址必须在 200.200.200.x/24 网段内。

本实训中，首先要实现 ONU 到 BAS 之间的网络连接正常，这一部分的配置与 "MA5683T 基本上网业务开通配置" 实训的配置基本相同。最主要的不同之处在于，由于语音通信具有实时性强、带宽低、带宽固定的特点，在本例中，业务 DBA 模板采用 "固定带宽" 方式，即 type1。

在实现网络连接正常的基础上，还需在 HG850a/IAD 上做一些与 SIP 协议相关的配置，如配置语音 IP 分配方式、SIP 服务器的 IP、启用的端口号、电话号码及密码等。

相应的实训步骤如下所述。

10.4.1　实训步骤 1：配置管理 PC 的 IP 地址，登录 MA5683T

具体过程见 8.3.1 小节。

10.4.2　实训步骤 2：在 OLT 特权模式下，进行 GPON 语音业务开通配置

1. FTTH VoIP 业务配置流程

基于 GPON 的 FTTH 的 VoIP 业务配置流程如图 10-6 所示。此部分的数据配置需在 OLT（MA5683T）侧和 ONT（HG850a）侧分别进行操作。

● OLT 侧配制

配置 VoIP 业务时，前面一部分数据配置跟基本宽带上网业务的配置基本一致，先后依次完成业务 vlan 11 的创建以及 0/9/0 端口 vlan 的添加，接下来分别创建好 DBA 模板、线路模板和业务模板，并通过 interface gpon 0/0 命令，进入 GPON 业务接入单板，完成 ONT 的注册和添加工作，之后，再将 ONT 设备加入业务虚端口。完成这些工作之后，即可实现 VoIP 业务信息的透传。

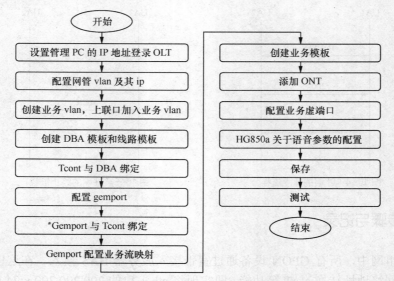

图 10-6　基于 GPON 的 FTTH 的 VoIP 业务配置流程

OLT 侧详细命令如下：

```
==========================================
MA5683T 侧配置（OLT）
==========================================
root
admin
enable
config
switch language-mode

vlan 11 smart
port vlan 11  0/9 0
interface giu  0/9
native-vlan 0 vlan 11
quit

dba-profile add profile-id 10 type1 fix 1024
ont-lineprofile gpon profile-id 5
tcont 4 dba-profile-id 10
gem add 0 eth tcont 4
mapping-mode vlan
gem mapping 0 1 vlan 11
commit
quit

ont-srvprofile gpon profile-id 5
ont-port pots 2 eth 4
commit
quit

interface gpon 0/0
```

```
port 0 ont-auto-find enable
display ont autofind 0
ont add 0 1 sn-auth 48575443C1538302 omci ont-lineprofile-id 5 ont-srvprofile-id 5
display ont info 0 all
quit

service-port 0 vlan 11 gpon 0/0/0 ont 1 gemport 0 multi-service user-vlan 11 rx-cttr
6 tx-cttr 6
```

● ONT 侧配制

对设备 HG850a 通过网页形式进行管理操作配置，具体过程如下。

① 修改管理 PC 的地址，IP 地址需设置为 192.168.100.x/24（x 在 2 和 254 之间，以保证与 HG850a 的本地 IP 在同一网段），然后用网线将管理 PC 与 HG850a 的任一网口相连。

② 在管理 PC 上打开浏览器，输入 HG850a 的本地维护 IP：192.168.100.1。

③ 在登录窗口中输入管理员的用户名（telecomadmin）和密码（admintelecom）。密码验证通过后，即可访问 Web 配置界面。

④ 在导航栏中单击"Basic→ WAN"。在打开的页面中，单击右上方的"New"。

⑤ 配置语音 WAN 口参数，如图 10-7 所示，其余参数使用缺省值。

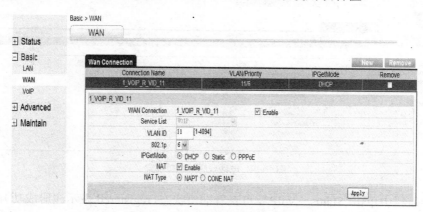

图 10-7　HG850a 语音 WAN 口参数配置

● Service List：VoIP

● VLAN ID：11（和 OLT 上用户侧 VLAN 保持一致）

● IPGetMode：DHCP

● NAT：Enable

● NAT Type：NAPT

● 单击"Apply"，保存配置。

⑥ 在导航栏中单击"Basic→VoIP"。

⑦ 配置 VoIP 基本参数。电话号码为 5813101，密码 123456，如图 10-8 所示。

● SIP Local Port：5060

● Register Server Address：172.24.3.3

● Register Server Port：5060

● 单击"Apply"，保存配置。再以同样的方式添加另一个电话号码 5813102。

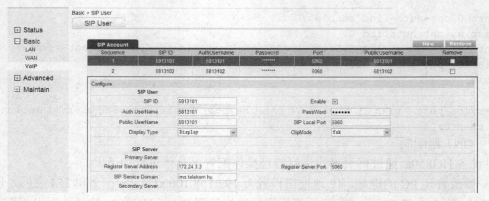

图 10-8　HG850a VoIP 基本参数配置

⑧ 在导航栏中单击"Advanced→VoIP"，在右边选择"Port"页签；将 0、1 端口分别与添加的两个电话号码进行绑定，点击选中端口，选择对应的电话号码，如图 10-9 所示。

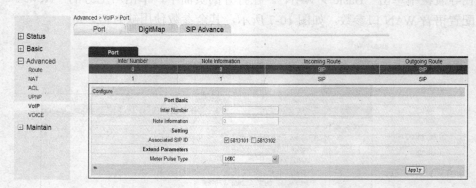

图 10-9　电话号码与端口绑定

⑨ 在导航栏中单击"Status→VoIP"，可查看端口状态（registered 表示注册成功），如图 10-10 所示。

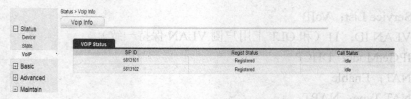

图 10-10　用户电话号码注册成功

2. FTTB 的 VoIP 业务配置流程（基于 SIP 协议）

基于 GPON 的 FTTB 的 VoIP 业务配置流程如图 10-11 所示。此部分的数据配置需在 OLT（MA5683T）、ONU（MA5626）以及 IAD 上分别进行操作。现将配置中有关语句说明如下。

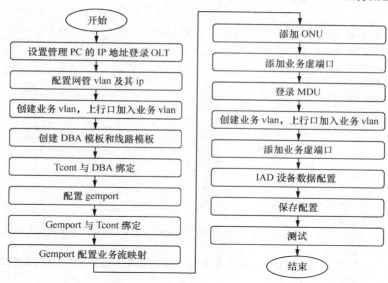

图 10-11　基于 GPON 的 FTTB 的 VoIP 业务配置流程

配置 VoIP 业务时，在 OLT 侧，数据配置跟 Ethernet 业务的配置基本一致。先后依次完成管理 vlan 20 和业务 vlan 21 的创建，以及 0/9/0 端口 vlan 的设置，接下来分别创建好 DBA 模板、线路模板和业务模板，并通过 interface gpon 0/0 命令，进入 GPON 业务接入单板，完成 ONU 的注册和添加工作，之后，再将 ONU 设备加入业务虚端口。

在 ONU 侧，依次创建业务 vlan 21 以及添加业务虚端口，从而为数据信息的透传做好准备。

由于此次接入的主要是普通电话（POTS）用户，电话线不能直接连接到 MA5626，故此时需要引入综合接入设备 IAD，并完成相应配置。

OLT 侧配置

```
========================================
MA5683T 侧配置(OLT)
========================================
root
admin
enable
config
switch language-mode

vlan 20 smart
interface vlanif 20
ip address 192.168.20.1  255.255.255.0
quit

vlan 21 smart
port vlan 20  0/9 0
port vlan 21  0/9 0
interface giu  0/9
native-vlan 0 vlan 21
quit
```

```
dba-profile add profile-id 11 type1 fix 1024
ont-lineprofile gpon profile-id 5
tcont 5 dba-profile-id 11
gem add 1 eth tcont 5
mapping-mode vlan
gem mapping 1 0 vlan 20
gem mapping 1 1 vlan 21
commit
quit

interface gpon 0/0
port 0 ont-auto-find enable
display ont autofind 0
ont confirm 0 ontid 2 sn-auth 48575443DB9DC742 password-auth huawei snmp
ont-lineprofile-id 5
ont ipconfig 0 2 static ip-address 192.168.20.5 mask 255.255.255.0 gateway
192.168.20.1 vlan 20
display ont info 0 all
quit
service-port 1 vlan 20 gpon 0/0/0 ont 2 gemport 1 multi-service user-vlan 20 rx-cttr
6 tx-cttr 6
service-port 2 vlan 21 gpon 0/0/0 ont 2 gemport 1 multi-service user-vlan 21 rx-cttr
6 tx-cttr 6

telnet 192.168.20.5
```

● ONU 侧配置

```
==========================================
MA5626 侧配置 (ONU)
==========================================
root
mduadmin
enable
config
switch language-mode

vlan 21 smart
port vlan 21 0/0 1

service-port 0 vlan 21 eth 0/1/1 multi-service user-vlan untagged rx-cttr 6 tx-cttr 6
```

● IAD 配置

具体操作如下。

① 配置管理 PC 的 IP 地址设为 192.168.100.x/24，x 在 2 和 254 之间，将计算机的网线接入到 IAD 的 WAN 口。

② 采用 Telnet 方式登录 IAD 进行配置操作，IAD 默认 IP 为 192.168.100.1/24，用户名默认为 root，口令默认为 admin。

③ 进入后进行模式切换，即分别依次输入 enable 和 configure terminal。

④ 进行 IAD 设备基本数据配置，配置步骤如下所示。

- 配置 IAD 的 IP 地址：200.200.200.7。

  ```
  Terminal <config>ipaddress static 200.200.200.7 255.255.255.0 200.200.200.254
  Terminal <config>y
  ```

- 配置 SIP 服务器：其中 iadsipY.com 为 IAD 设备的 EID 标志，应与其上 IP 的最后一位对应，如为 7。

  ```
  Terminal <config>sip server 0 address 172.24.3.3 domain iadsip7.com expire-
  time 3600 port 5060
  ```

- 配置 SIP 用户：添加用户电话号码及密码。

  ```
  Terminal <config>sip user 0 id 5813103 password 123456
  Terminal <config>y
  Terminal <config>sip user 1 id 5813104 password 123456
  Terminal <config>y
  ```

- 保存数据。

  ```
  Terminal <config>write
  ```

- 断电重启 IAD。

- 查看 IAD 是否已在 SIP 服务器上注册成功，如图 10-12 所示。

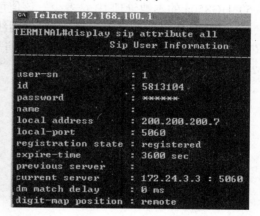

图 10-12　用户电话号码注册成功

运行命令：display sip attribute all

Registration state 项显示为"registered"表示注册成功，否则表示注册失败。

10.4.3　实训步骤 3：拨号测试

- 在 ONT（HG850a）的两个 TEL 端口分别接上普通话机，测试两话机是否可相互拨打。
- 在与 ONU（MA5626）设备相连的 IAD 设备的两个 TEL 端口分别接上普通话机，测试两话机是否可相互拨打。

10.5　总结

① 通过本次实训，了解 VoIP 系统的基本组成及 SIP 协议的基本概念，掌握 MA5683T 语音业务开通的命令。

② 若查询 VoIP 注册状态为"unregister"（HG850a）或"registering"（IAD），则表示未

注册成功，应做以下检查操作。

//step1：检查 HG850a/IAD 到 SIP 之间的网络通路是否畅通。

可在 HG850a/IAD 上运行 ping 命令，看能否 Ping 通 SIP 服务器地址 172.24.3.3，若无法 ping 通，则说明 HG850a/IAD 到 SIP 之间的网络通路没建立起来，应查看 OLT 和 MDU 上的数据配置是否正常，这一部分的查找与"MA5683T 基本上网业务开通配置"实训相同。

//step2：在确定网络连接正常之后，再查看语音参数的配置是否正确。

10.6　思考题

（1）HG850a 获得的语音 IP 地址在哪个网段？该地址是哪个设备分配的？

（2）MA5626 为什么要下挂 IAD 设备才能接普通话机？IAD 设备有什么作用？

（3）本组配置的语音业务虚端口和网管业务虚端口是多少？使用的 gemport 的 port 号是多少？tcont 号是多少？该 tcont 对应的 DBA 模板和线路模板号分别是多少？

（4）为什么带宽模板选 type 1？

（5）HG850a 的本地管理 IP 是多少？该值可否改变？怎样改变？

（6）配置 IAD 设备数据时，管理 PC 的网线应该与 IAD 的 LAN 口还是 WAN 口相连？

（7）若 MA5626 下挂话机摘机后所听音信号是忙音，可能是哪些数据配置有问题？怎样解决？（假设不存在任何硬件故障）

第 11 章 MA5683T 的 IPTV 业务配置

11.1 实训目的

- 了解组播的概念、组播与单播和广播的区别、组播管理协议。
- 掌握 GPON FTTH IPTV 视频业务配置步骤及命令。
- 掌握 GPON FTTB IPTV 视频业务配置步骤及命令。

11.2 实训规划（组网、数据）

11.2.1 组网规划

组网说明：

图 11-1 为 GPON 的 IPTV 业务组网规划。MA5683T 通过 GPON 接口，接入远端 ONU 设备，为用户提供基于 IP 网络的高质量、低成本的 IPTV 视频。

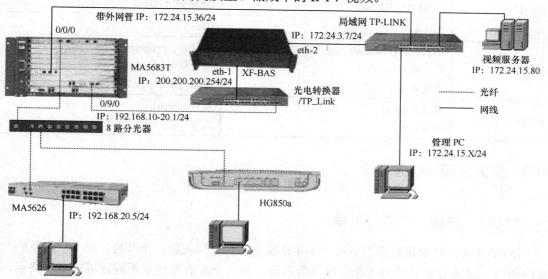

图 11-1 GPON 的 IPTV 业务组网图

在 TP-LINK 交换机上挂一 PC，其静态 IP 地址设为 172.24.15.80/24，安装 VLC 视频播放软件，配置成服务器端，添加视频源，用于仿真视频服务器。

ONU 下挂 PC 安装 VLC 视频播放软件，配置成客户端，通过 GPON 接入收看视频服务器提供的视频节目，以实现 IPTV。

视频流的下发采用组播方式实现。

11.2.2 数据规划

OLT 采用 IGMP Proxy 二层组播协议；组播节目采用静态配置方式，对组播用户实现鉴权；组播 VLAN 的 IGMP 版本为 IGMP V3；业务 DBA 采用保证带宽 + 最大带宽方式。具体规划如表 11-1 所示。

表 11-1　　　　　　　　　　GPON IPTV 业务数据规划

配置项	FTTH（HG850a）数据	FTTB（MA5626）数据
GPON 单板	GPON 接口：0/0/0；上行接口 0/9/0	GPON 接口：0/0/0；上行接口 0/9/0
ONU	ID：1；与 PC 接口：eth 0/1/1	ID：2；与 PC 接口：eth 0/1/1 管理 ip：192.168.20.5/24
VLAN	VLAN 类型：Smart 业务 VLAN：vlan 11 组播 VLAN：multicast-vlan 11	VLAN 类型：Smart 管理 VLAN：vlan 20 ip：192.168.20.1　255.255.255.0 业务 VLAN：vlan 21 组播 VLAN：multicast-vlan 21
DBA 模板	IPTV 业务索引号：10 模板类型：type3 带宽类型：保证带宽：10Mbit/s，最大带宽：100Mbit/s	IPTV 业务索引号：11 模板类型：type3 带宽类型：保证带宽：10Mbit/s，最大带宽：100Mbit/s
GEM Port	GEM Port ID：0	GEM Port ID：1
T-CONT	ID：4	ID：5
组播节目	节目名：program0，ip：224.1.2.3， 设置权限 profile0 组播源 IP：172.24.15.80	节目名：program1，ip：224.1.2.4 设置权限 profile1 组播源 IP：172.24.15.80
IGMP	模式：proxy 版本：v3	模式：proxy 版本：v3

11.3　实训原理—组播简介

11.3.1　单播、广播与组播

IPTV 业务，特别是直播类节目，往往是很多用户共同观看一个节目，是一种典型的一对多的通信，这就要求节目源（即多媒体数据流）从一个源点发送到不同地域的多个终点。多媒体数据流可以以三种方式通过网络，分别是单播、广播和组播。每一种方式对网络带宽及网络中的主机有不同的影响。

基于单播的应用程序要求对于每个客户端都需要复制一份数据，如图 11-2 所示。若有 3 个主机需要收看同一个视频节目，视频服务器需要送出 3 份同样的数据流信息，即同一个视频分组需要发送 3 个副本。如果大量的主机都需要收看同一个节目时，将会在网络中产生大量的副本，这将大量占用网络资源，给网络带来沉重的负担。

若采用广播方式，则 IP 子网内的每一台主机都会收到这个数据包，如图 11-3 所示。虽然只发送一份数据流，但对于那些不需要这份媒体数据流的主机，却还得耗费 CPU 去处理，增加其额外开销。另外，广播只能限于本地子网内，无法实现将同一份数据流送达不同子网的多个主机。

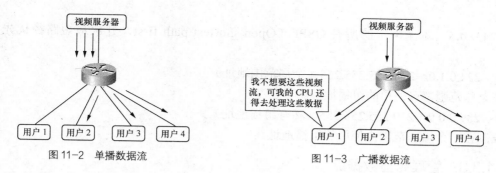

图 11-2　单播数据流　　　　图 11-3　广播数据流

相对于单播和广播方式，在一对多的通信中，组播可大大节约网络资源，如图 11-4 所示。视频服务器只需向多个主机发送一份数据流，无论这些主机是否在同一个子网中，而且也只有那些需要这份数据流的主机才会收到。因此，组播方式在一对多的通信中，极大地提高了数据传输效率，减少了主干网出现拥塞的可能性。

由上可知，组播是指在 IP 网络中，数据包发送到所有网络节点的某个确定子集。IP 组播的基本思想是源 IP 主机只发送一份数据，一个或多个接收者可接收相同数

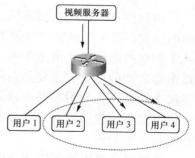

图 11-4　组播数据流

据的拷贝。在一对多的通信中，采用组播方式来传送数据流，可以更好地支持业务的交付。

组播的最大优点是节省了网路的带宽及服务器资源。不同用户如果接收同一个组播流，服务器只需发送一份数据，网络只需在用户的分支点进行复制，在分支点以上的网络只需传送一个数据流。

在组播方式下，这些需要同一份数据流的主机属于同一个组，即"组播组"，每个组播组有一个标识，我们称之为"组播地址"，即"组播源的地址"。在组播环境下，需要将组播地址与属于这个组的所有主机的 IP 地址形成一种关联。下面对组播地址进行阐述。

11.3.2　组播地址

组播组的标识也就是组播地址用的是 IP 地址中的 D 类地址。该地址的前 4 个比特是"1110"，所以其地址范围是 224.0.0.0～239.255.255.255。我们用一个 D 类地址来标识一个组

播组。组播数据报与单播数据报的最大区别是它使用 D 类地址作为目的地址。

组播地址只能作为目的地址，不能作为数据报的源地址。

相似于单播地址，组播地址也被官方进行了指派或预留。组播地址被划分为下面三类。

● 224.0.0.0～224.0.0.255（公用组播地址）

下面列出部分知名的组播地址。

224.0.0.0 基础地址（保留），不能被任何群组使用。

224.0.0.1 在本子网上的所有参加组播的主机和路由器。

224.0.0.2 在本子网上的所有参加组播的路由器。

224.0.0.4 DVMRP（Distance vector multicast routing protocol，距离矢量组播选路协议）路由器。

224.0.0.5 本子网上的所有 OSPF（Open shortest path first，开放最短路径优先）路由器。

● 224.0.1.0～238.255.255.255（全局范围地址）

在全球范围都可使用的组播地址。

● 239.0.0.0～239.255.255.255（私有组播地址）

限制在一个组织范围内使用的组播地址。

11.3.3 管理组播数据流

根据协议的作用范围不同，管理组播数据流的协议分为两类：一类是主机与路由器之间的协议，即组播组管理协议 IGMP（Internet Group Management Protocal），它用于让本子网上的组播路由器知道本子网上是否有主机加入或退出了某个组播组；另一类是路由器与路由器之间的协议，主要是各种组播路由协议。因为仅有 IGMP 是不能完成组播任务的，连接在局域网上的组播路由器还必须和互联网上的其他组播路由器协同工作，这就需要各种组播路由协议的支持。这里简要介绍组播组管理协议 IGMP。关于组播路由协议读者可查阅相关书籍。

组播组管理协议包括 IGMP v1/v2/v3 三个版本，它用来建立和维护一个组。通过运行 IGMP，主机通知路由器希望加入并接收来自某个特定组播组的数据流；路由器则通过 IGMP 收集与维护所连网络组成员的信息。

● 主机运行 IGMP

当某个主机想加入一个组播组时，它会发送一个 IGMP "报告" 消息给本子网内的组播路由器，申明自己要成为该组的成员。本子网的组播路由器收到 IGMP 报文后，还要利用组播路由协议把这种成员关系告之互联网上的其他组播路由器。

● 路由器运行 IGMP

组成员关系是动态的，主机可随时退出某个组播组。为了知道本子网中是否还有属于某个组播组的主机，组播路由器需要定期地发出 IGMP "查询" 报文。主机在收到 "查询" 消息后，每个组都会有一个成员做出应答；组播路由器收到某组成员的响应之后，就会继续维护该组。若一个组在经过几次的查询后仍然无任何主机响应，组播路由器就会认为在子网中该组已经没有任何成员，将不再在子网中转发该组播组的数据。

11.3.4　在交换机上处理组播数据流

在交换机上一般通过三种方式解决组播数据的转发问题：IGMP　Snooping（窃听）、IGMP Proxy（代理）和 IGMP Router（路由）。

- IGMP　Snooping

"IGMP　Snooping"要求交换机去窃听主机和路由器之间的 IGMP 会话。当交换机窃听到主机加入某个组播组的 IGMP 报告时，它就在有关的组播 MAC 地址表中增加该主机的端口；当交换机听到主机离开某个组的 IGMP 消息时，它就在有关的组播 MAC 地址表中删除该主机的端口。

这种方式适合于用户量比较少的场合。当用户量较多时，在汇聚网络上会产生大量的 IGMP 报文，会增加上层带宽的负载压力，不建议采用这种方式。

- IGMP Proxy

启用 IGMP Proxy 协议的组网环境和使用 IGMP Snooping 协议的组网环境相类似。但在这种方式下，交换机担任是"proxy（代理）"的角色。"代理"替代了"路由器"的部分功能，通过下行口接收主机用户的加入和离开请求；并周期性的查询下行口某组播组是否还有成员。当有主机发送 IGMP 加入报文时，"代理"就把该主机加入组播组中；当有主机请求离开某个组时，"代理"就把它从自己的组播表中删除，在这些过程中，交换机并不把 IGMP 报文上报给路由器。只有当组播组里第一个成员加入时，它才会转发 IGMP 报文，并将报文的源 IP 换成自己的 IP；同样，只有当组里最后一个成员离开时，它也按此方式将 IGMP 离开报文转发给路由器。因此，从路由器看来，"代理"就是一台组播主机；从组播用户看来，"代理"是一台组播路由器。

与启用 IGMP Snooping 协议相比，启用 IGMP Proxy 协议可以收敛 IGMP 报文流量，减少对汇聚网络的冲击，从而节约链路带宽，减少了对上层带宽的负载压力。

- IGMP Router

当网络中不存在路由器时，需要交换机担当起路由器的角色，向用户发送 IGMP 查询包；否则无法对 IGMP 组进行维护和更新。

11.4　实训步骤与记录

在实训前，应首先配置好视频服务器，添加视频流，建立组播源。并进行本机测试，保证视频信息可正常播放。

本实训所用的视频测试软件是 vlc-0.8.1-win32。须分别在视频服务器和用户 PC 端安装。

11.4.1　实训步骤 1：配置视频服务器——这部分工作由老师完成

1. 在视频服务器上安装好 VLC 软件后，进行视频源的添加

（1）双击视频播放器图标![], 出现如图 11-5 所示界面，选择 File/Wizard…

图 11-5　VLC 界面

（2）如图 11-6 所示，选择"Stream to network"，单击"Next"。

（3）选择"Select a stream"，单击"Choose"，如图 11-7 所示。

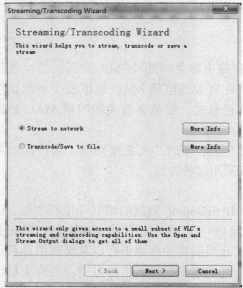

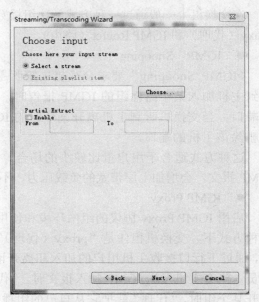

图 11-6　选择 Stream to network　　　　　　图 11-7　选择 Select a stream

（4）在如图 11-8 所示界面中，选择"File"，单击"Browse..."，选择本机上的一个视频文件后，再单击"OK"。

（5）单击"Next"，如图 11-9 所示。

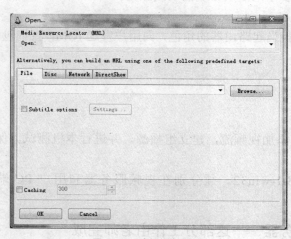

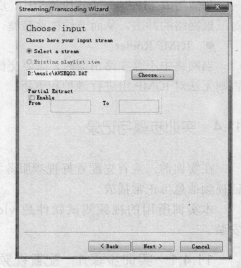

图 11-8　选择视频文件　　　　　　　　　　图 11-9　选择 Next

（6）在如 11-10 所示界面中选择"UDP Multicast"，并输入组播源地址 224.1.2.3，单击"Next"。

（7）单击"Next"，如图 11-11 所示。

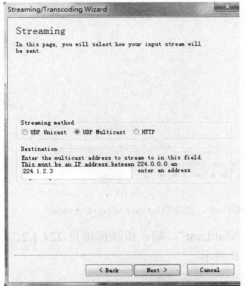

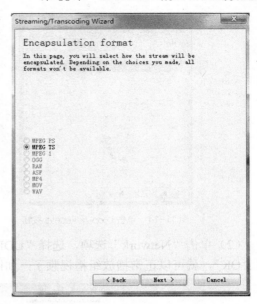

图 11-10　输入组播源地址　　　　　　　　　　　图 11-11　单击 Next

（8）配置"TTL"值，单击"Finish"，如图 11-12 所示。

（9）在随后出现的如图 11-13 所示界面中双击"Playlist"按钮。

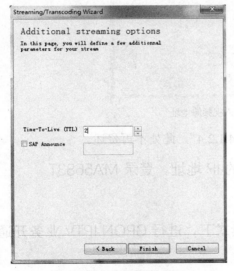

图 11-12　配置 TTL 值　　　　　　　　图 11-13　双击"Playlist"按钮

（10）在如图 11-14 所示界面中单击"Loop"及"Repeat"按钮，让视频源循环重复播放。自此，组播源 224.1.2.3 的配置结束。

2．在本机上进行测试，看能否正常播放视频流

（1）再次双击桌面图标▓（注意是重新打开一个 VLC 播放程序，相当于作客户端使用），在如图 11-15 所示界面中，选择"File/Open network stream…"。

图 11-14　单击 Loop 及 Repeat 按钮

图 11-15　选择 File/Open network stream

（2）单击"Network"选项，选择"UDP/RTP Multicast"，输入组播源地址 224.1.2.3，单击"OK"，就可以正常播放组播视频了，如图 11-16 所示。

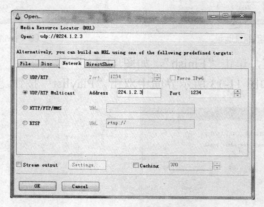

图 11-16　输入视频源地址

按照同样的步骤可配置另一个组播源"224.1.2.4"，此处不再赘述。

11.4.2　实训步骤 2：配置管理 PC 的 IP 地址，登录 MA5683T

具体过程见 8.3.1 小节。

11.4.3　实训步骤 3：在 OLT 特权模式下，进行 GPON IPTV 业务开通配置

1．FTTH IPTV 业务配置流程

图 11-17 为基于 GPON 的 FTTH IPTV 业务配置流程图。此部分的数据配置只需在 OLT（MA5683T）侧进行操作。在宽带业务配置命令的基础上添加组播相关的配置命令。

在配置 IPTV 业务时，首先要保证 ONU 到视频服务器之间的网络通路畅通，以实现 IPTV 业务的透传。这一部分的数据配置跟基本宽带上网业务的配置基本相同，先后依次完成业务 vlan 11 的创建，以及 0/9/0 端口 vlan 的添加，再分别创建好线路模板和业务模版，并通过 interface gpon 0/0 命令，进入 GPON 业务接入单板，完成 ONT 的注册和添加工作，最后，再将 ONT 设备加入业务虚端口。

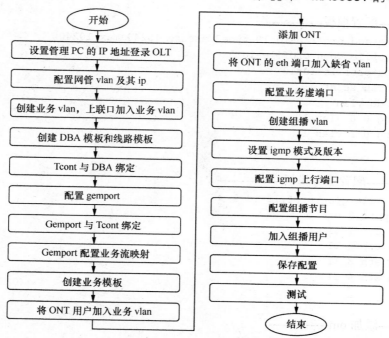

图 11-17 基于 GPON 的 FTTH IPTV 业务配置流程

　　而新增的内容主要是组播数据的配置部分，首先创建了组播组 vlan 11（multicast-vlan 11)，该组播 vlan 的 ID 需与业务 vlan 的 ID 保持一致，紧接着选择 GPON 设备处理组播数据流的模式（IGMP Proxy)、IGMP 协议的版本号（v3）以及完成组播源端口（0/9/0）的添加。

　　完成上述操作后，使用 igmp program 命令添加组播节目 program0，并配置好节目 IP（组播源 IP）及视频服务器的 IP 地址。随后，进入 btv 模式使用 igmp profile 命令将节目 program0 绑定到权限模板 profile0 上，对节目的观看权限进行控制。最后配置组播用户，将索引号为 0 的业务流添加为组播用户，并绑定权限模板 profile0，注意此处的 sevice-port 就是指前面的业务 vlan 11 的 sevice-port，两者的索引号要保持一致。

　　下面对代码进行详细说明。

```
--------------------OLT----------------------
----------以下部分与宽带业务配置命令相同-------
root
admin
enable
config
switch language-mode
----------上联口加入---------------
vlan 11 smart
port vlan 11  0/9 0
interface giu  0/9
native-vlan 0 vlan 11
quit
```

```
--------------配置模板------------
dba-profile add profile-id 10 type3 assure 10240 max 102400
ont-lineprofile gpon profile-id 5
tcont 4 dba-profile-id 10
gem add 0 eth tcont 4
mapping-mode vlan
gem mapping 0 0 vlan 10
gem mapping 0 1 vlan 11
Commit
Quit
-----------------配置业务模板--------------
ont-srvprofile gpon profile-id 5
ont-port pots 2 eth 4
port vlan eth 1 11
port vlan eth 2 11
port vlan eth 3 11
port vlan eth 4 11
commit
quit
--------------添加 ont------------
interface gpon 0/0
port 0 ont-auto-find enable
display ont autofind 0
ont add 0 1 sn-auth 48575443C1538302 omci ont-lineprofile-id 5 ont-srvprofile-id 5
ont port native-vlan 0 1 eth 1 vlan 11
ont port native-vlan 0 1 eth 2 vlan 11
ont port native-vlan 0 1 eth 3 vlan 11
ont port native-vlan 0 1 eth 4 vlan 11
display ont info 0 all
quit
-----------添加业务虚端口------------
service-port 0 vlan 11 gpon 0/0/0 ont 1 gemport 0 multi-service user-vlan 11 rx-cttr
6 tx-cttr 6
-----------组播业务配置如下：
---选择 IGMP 模式
multicast-vlan 11        //创建组播 vlan，进入组播 vlan 配置模式
igmp mode proxy         //组播转发模式
y
----配置 IGMP 上行端口
igmp version v3                 //设置使用的组播协议版本，MA5683T 设备支持 IGMP v2 和 IGMP v3，
                                缺省情况下，组播 VLAN 运行 IGMPv3 版本
igmp uplink-port 0/9/0     //设置组播源端口（上联口）

btv                         //进入视频节目配置模式
igmp uplink-port-mode default
y
----配置节目库（可单个也可批量增加节目）
-需配置该节目的名称、组播源的 IP 地址、节目带宽、节目索引、节目预览模板索引和视
```

频服务器的 IP 地址等。

　　-组播节目名字最长 16 个字符，不支持中文。

　　-组播源的 IP 地址段 224.0.0.1～224.0.0.255，用做本地网段协议报文传送专用地址，不能分配给组播频道使用。

　　-由组播 IP 地址到 mac 地址的映射关系可知，对于不同的组播频道，其组播源 IP 地址的后 23 位不能相同，否则组播 IP 地址对应的组播 MAC 地址将会冲突。

```
multicast-vlan 11
igmp program add name program0 ip 224.1.2.3 sourceip 172.24.15.80  //设置组播节目
源 program0
```

　　----配置权限模板

```
btv
igmp profile add profile-name profile0   //创建组播权限模板 profile0
igmp profile profile-name profile0 program-name program0 watch  //配置组播权限模板
profile0，可观看 program0。节目权限只能是观看、预览、禁止或无权限，四者选一
```

　　----配置组播用户

　　认证用户必须绑定用户权限模板，才能获得权限模板中配置的权限，即模板中说明了可以看的才可以看，没说的就不能看；

　　非认证用户不需绑定权限模板，拥有所有节目的观看权限。

```
igmp policy service-port 0 normal   //使用 igmp policy 命令设置组播报文处理策略
igmp user add service-port 0 auth  //设置用户为需认证用户
igmp user bind-profile service-port 0 profile-name profile0  //用户绑定权限模板
profile0，即可收看 program0
```

　　--为组播 VLAN 添加成员。在为组播 VLAN 添加成员时，该组播 VLAN 必须已经存在，且连接此成员端口的用户必须为 BTV 用户；删除 BTV 用户时，该 BTV 用户必须已经是组播 VLAN 的成员。

```
multicast-vlan 11
igmp multicast-vlan member service-port 0 //添加虚端口号为 0（0/0/0 下 gemport id 为
0）的用户为组播 vlan 11 的成员
quit
```

2. FTTB　IPTV 业务配置流程

　　图 11-18 为基于 GPON 的 FTTB　IPTV 业务配置流程。此部分的数据配置需在 OLT（MA5683T）侧和 ONU（MA5626）侧分别进行操作。需要在宽带业务配置命令的基础上，分别在 OLT 侧和 MDU 侧添加上组播相关的配置命令。组播相关的配置包括选择 IGMP 模式、配置 IGMP 上行端口、配置节目库、配置权限模板、配置组播用户等。

```
--------------------OLT----------------------
----------以下部分与宽带业务配置命令相同------
root
admin
enable
config
switch language-mode

---配置 5683T 带内 IP 地址------
```

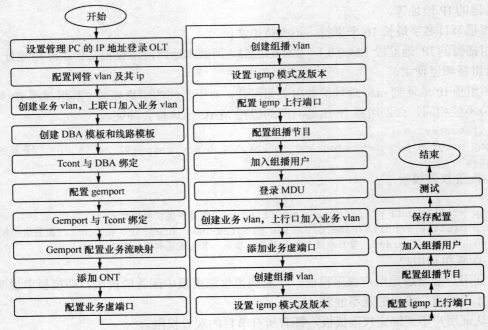

图 11-18　基于 GPON 的 FTTB　IPTV 业务配置流程

```
vlan 20 smart
interface vlanif 20
ip address 192.168.20.1  255.255.255.0
quit
port vlan 20  0/9 0


-----------配置上联口---------------
vlan 21 smart
port vlan 21  0/9 0
interface giu  0/9
native-vlan 0 vlan 21
quit

----------------配置模板------------
dba-profile add profile-id 11 type3 assure 10240 max 102400
ont-lineprofile gpon profile-id 5
tcont 5 dba-profile-id 11
gem add 1 eth tcont 5
mapping-mode vlan
gem mapping 1 0 vlan 20
gem mapping 1 1 vlan 21
Commit
Quit

---------------添加 ont-------------
interface gpon 0/0
port 0 ont-auto-find enable
display ont autofind 0
```

```
ont confirm 0 ontid 2 sn-auth 48575443DB9DC742 password-auth huawei snmp
ont-lineprofile-id 5
ont ipconfig 0 2 static ip-address 192.168.20.5 mask 255.255.255.0 gateway
192.168.20.1 vlan 20
display ont info 0 all
quit
```

------------添加业务虚端口

```
service-port 1 vlan 20 gpon 0/0/0 ont 2 gemport 1 multi-service user-vlan 20 rx-cttr
6 tx-cttr 6
service-port 2 vlan 21 gpon 0/0/0 ont 2 gemport 1 multi-service user-vlan 21 rx-cttr
6 tx-cttr 6
```

------OLT 侧组播配置命令---------

---选择 IGMP 模式
```
multicast-vlan 21  ///创建组播 VLAN，进入组播 vlan 配置模式
igmp mode proxy/配置组播转发模式
y
```

----配置 IGMP 上行端口
```
igmp version v3 //设置使用的组播协议版本，MA5683T 设备支持 IGMP v2 和 IGMP v3，缺省情况
```
下，组播 VLAN 运行 IGMP v3 版本
```
igmp uplink-port  0/9/0//设置组播源端口（上联口）

btv      //进入视频节目配置模式
igmp uplink-port-mode default
y
```

----配置节目库（可单个也可批量增加节目）
-需配置该节目的名称、组播源的 IP 地址、节目带宽、节目索引、节目预览模板索引和视频服务器的 IP 地
址等
```
multicast-vlan 21
igmp program add name program1 ip 224.1.2.4 sourceip 172.24.15.80
```

----配置权限模板

```
btv
igmp profile add profile-name profile1 //创建组播权限模板 profile1
```

```
igmp profile profile-name profile1 program-name program1 watch//配置组播权限模板
```
profile1，可观看 program1
----配置组播用户
　　认证用户必须绑定用户权限模板，才能获得权限模板中配置的权限，即模板中说明了可
以看的才可以看，没说的就不能看。
　　非认证用户不需绑定权限模板，拥有所有节目的观看权限。
```
igmp policy service-port 2 normal//使用 igmp policy 命令设置组播报文处理策略
igmp user add service-port 2 auth//设置用户为需认证用户
```

```
igmp user bind-profile service-port 2 profile-name profile1//用户绑定权限模板
```
profile1，即可收看program1

  --为组播 VLAN 添加成员：在为组播 VLAN 添加成员时，该组播 VLAN 必须已经存在，且连接此成员端口的用户必须为 BTV 用户；删除 BTV 用户时，该 BTV 用户必须已经是组播 VLAN 的成员。

```
multicast-vlan 21
igmp multicast-vlan member service-port 2 //添加虚端口号为 2（0/0/0 下 gemport id 为
```
1）的用户为组播 vlan21 的成员
```
quit


telnet 192.168.20.5


------------------MDU--------------------
-------------以下部分与宽带业务配置同-------------
root
mduadmin
y

enable
config
switch language-mode

vlan 21 smart
port vlan 21 0/0 1
service-port 0 vlan 21 eth 0/1/1 multi-service user-vlan untagged rx-cttr 6 tx-cttr
```
6//此处只配置了 MDU 的 1 号口
```

---------------组播配置部分
---选择 IGMP 模式
multicast-vlan 21
igmp mode proxy
y

----配置 IGMP 上行端口
igmp version v3
igmp uplink-port  0/0/1

----配置节目库
igmp program add name program1 ip 224.1.2.4  sourceip  172.24.15.80

----配置权限模板
btv
igmp profile add profile-name profile1
igmp profile profile-name profile1 program-name program1 watch

----配置组播用户
igmp policy service-port 0 normal
```

```
igmp user add service-port 0 auth
igmp user bind-profile service-port 0 profile-name profile1
multicast-vlan 21
igmp multicast-vlan member service-port 0
```

11.4.4　实训步骤 4：收看节目

● 连线：用网线将用户 PC 和 ONU 的已做配置的以太网口相连。
● 收看节目：

双击桌面视频播放器 ，选择"File/Open network stream…"，在如下界面中选中 UDP/RTP Multicast，在 Address 对话框中输入节目源 IP 地址：224.1.2.3（FTTH）/224.1.2.4(FTTB)，单击"OK"按钮，即可收看视频节目，如图 11-19 所示。

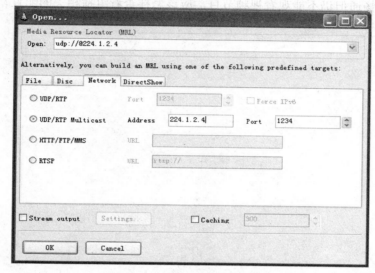

图 11-19　输入节目源 IP 地址

11.5　总结

① 通过本次实训，我们理解了组播的相关原理知识，熟悉了 IPTV 业务配置的步骤和命令。

② 若视频节目不能正常收看，应首先检查 ONU 到视频服务器之间的网络通路是否畅通，可在用户 PC 上运行拨号软件看能否正常拨号，若拨号不成功，可参照"GPON 基本宽带业务配置"实训检查相关配置命令。若网络畅通，再检查组播相关配置是否正确，下述步骤是否都正确配置：选择 IGMP 模式、配置 IGMP 上行端口、配置节目库、配置权限模板、配置组播用户等。

③ 可尝试把节目观看权限分别改为为预览、禁止和无权限，观察观看节目时有什么变化。

④ 可尝试进行命令的删除操作。注意，一般是在哪个模式下做的配置，就要在哪个模式下进行删除。

11.6 思考题

（1）组播地址的范围 224.0.0.0 ～239.255.255.255 是怎么算出来的？

（2）为什么组播 IP 地址的后 23 位不能相同？

（3）在 FTTB 的 IPTV 业务配置过程中，在 OLT 侧添加组播 vlan 成员时，为什么 service-port 号是 2 而不是 1？

（4）在 FTTB 的 IPTV 业务配置过程中，在 MDU 侧添加组播 vlan 成员时，为什么 service-port 号的是 0 而不是 1 或 2？

（5）为什么线路模板类型设置为 type3？

（6）若网络畅通但仍不能观看视频节目，应该怎样查看组播相关的配置？请写出相关检查命令。

第 12 章 XF-BAS 的配置

12.1 实训目的

- 掌握 XF-BAS 的配置方法。
- 加深对 BAS 功能的理解。

12.2 实训规划（组网、数据）

12.2.1 组网规划

组网说明：

管理 PC 的 IP 地址配置与 XF-BAS 的 eth-2 接口的 IP 地址在同一网段。XF-BAS 配置实训组网规划如图 12-1 所示。

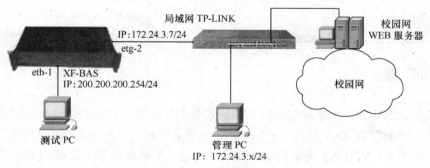

图 12-1 XF-BAS 配置实训组网图

12.2.2 数据规划

XF-BAS 配置实训数据规划如表 12-1 所示。

表 12-1　　　　　　　　　　　　　**XF-BAS 配置实训数据规划**

配　置　项		数　据　规　划
BAS 网口的 IP 地址	ether2	172.24.3.7/24
	ether1	200.200.200.254/24
IP 地址池		pool1：200.200.200.2～253/24
PPPoE 服务器	interface name	cqupt
	profile	name：profile1 local address：200.200.200.254 remote address：pool 1 DNS server：202.202.32.34 WINS server：61.18.128.68
	PPPoE service	Name：service1 Interface：ether Default profile：profile1
	PPP secret	name：123 password：123 service：PPPoE profile：profile
NAT 转换	general	Chain：srcnat Out interface：ether2
	Action	Masquerade
Routes	general	Dst.Address 0.0.0.0/24 Gateway:172.24.3.1
DHCP Server	DHCP	name：server1 interface：ether1
	Network	Address：200.200.200.0 Gateway：200.200.200.254 Netmask：24 DNS Servers：202.202.32.33 WINS Servers：61.128.128.68

12.3　实训原理

通过第 5 章的实训，大家对宽带接入认证设备的工作原理已经有所认识。在本次实训中，我们将在另一种类型的 BAS 设备——XF-BAS 上做业务配置，进一步加深对相关原理的理解。

在本次实训中，XF-BAS 设备实现本地认证功能。根据我们第 4 章对 PPPoE 原理的认识，它应该完成基本的认证、授权、IP 地址分配的功能，因此，首先需要配置它的 IP POOL（IP 地址池），设置提供给内网用户上网的 IP 地址范围；然后需要配置 PPPoE 服务器相关信息，例如本地地址、远程地址、DNS 服务器、拨号用户的账号和密码等；为实现内网用户访问外网，还需为认证服务器配置下一跳的路由。至此，基本的认证功能已配置完毕。但由于内网使用了私有地址，还需要启动 NAT 实现内外网地址的转换；由于为拨号后用户采取内网 IP 地址动态分配的方式，还需配置 DHCP 服务器。

12.4　实训步骤与记录

12.4.1　配置网卡的 IP 地址——这部分工作由老师完成

（1）在 BAS 设备上连接显示器和键盘，开启 BAS 设备电源。

（2）BAS 设备启动后进入登录的界面，如图 12-2 所示。默认的账号为：admin，无密码。

```
MikroTik v4.5
Login: admin
Password:
```

图 12-2　XF-BAS 登录界面

（3）检查网卡。输入命令：int pri，如果出现 ether1 和 ether2 表示两块网卡正常，如图 12-3 所示。

```
[admin@MikroTik] > int pri
Flags: D - dynamic, X - disabled, R - running, S - slave
 #    NAME                                      TYPE           MTU    L2MTU
 0  R ether1                                    ether          1500   1600
 1  R ether2                                    ether          1500
 2    cqupt                                     pppoe-in
[admin@MikroTik] >
```

图 12-3　检查网卡

（4）配置网卡 IP 地址。输入命令：/ ip address。

设置外网 IP 地址：add address = 172.24.3.7/24 interface = ether2，如图 12-4 所示。

```
[admin@MikroTik] > /ip address
[admin@MikroTik] /ip address> add address=172.24.3.7/24 interface=ether2
[admin@MikroTik] /ip address>
```

图 12-4　配置网卡 IP 地址

再如上设置内网 IP 地址：add address = 200.200.200.254/24 interface = ether1。

设置好后，可查询各网口的 IP 地址情况，用命令：/ ip address pri，如图 12-5 所示。

```
[admin@MikroTik] > /ip address
[admin@MikroTik] /ip address>
[admin@MikroTik] /ip address>
[admin@MikroTik] /ip address>
[admin@MikroTik] /ip address> /ip address pri
Flags: X - disabled, I - invalid, D - dynamic
 #    ADDRESS              NETWORK          BROADCAST          INTERFACE
 0    200.200.200.254/24   200.200.200.0    200.200.200.255    ether1
 1    172.24.3.7/24        172.24.3.0       172.24.3.255       ether2
[admin@MikroTik] /ip address>
```

图 12-5　查询各网口的 IP 地址情况

以上步骤配置结束后，可将管理计算机连接 BAS 的任一网口（本例管理计算机与 ether2 口相连），运行 BAS 配置程序。

12.4.2　启动 BAS 配置程序

（1）将管理 PC 的 IP 地址配置在 172.24.3.x/24 网段，用网线将管理 PC 与 BAS 的 ether2 口相连，ping 通 172.24.3.7，如图 12-6 所示。

（2）运行 BAS 配置程序 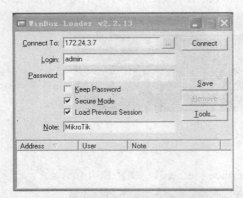，进入配置程序的登录界面，如图 12-7 所示。

（3）单击"Connect to"后面的下拉选项，选择连接的 BAS 的 IP 地址，如图 12-8 所示。

（4）输入默认用户名 admin，密码为空，单击"Connect"。进入的配置界面，如图 12-9 所示。

```
C:\Documents and Settings\Administrator>ping 172.24.3.7

Pinging 172.24.3.7 with 32 bytes of data:

Reply from 172.24.3.7: bytes=32 time<1ms ITL=64
Reply from 172.24.3.7: bytes=32 time<1ms ITL=64
Reply from 172.24.3.7: bytes=32 time<1ms ITL=64
Reply from 172.24.3.7: bytes=32 time<1ms ITL=64

Ping statistics for 172.24.3.7:
    Packets: Sent = 4, Received = 4, Lost = 0 (0% loss),
Approximate round trip times in milli-seconds:
    Minimum = 0ms, Maximum = 0ms, Average = 0ms
```

图 12-6　ping 通 XF-BAS

图 12-7　XF-BAS 配置程序的登录界面

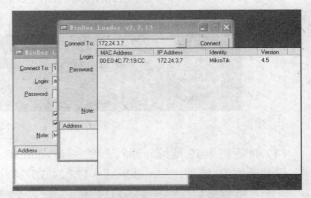

图 12-8　选择所连接的 BAS 的 IP 地址

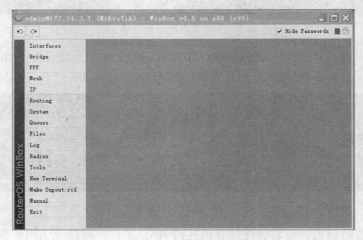

图 12-9　XF-BAS 的配置界面

12.4.3　配置 IP 地址池

配置 IP 地址池，设置提供给内网用户上网的 IP 地址范围。

（1）单击 IP/Pool，如图 12-10 所示。

（2）选择 "Pools"，单击 ，配置 IP 地址池的名称、范围（注意：该地址应与内网口 IP 地址在同一网段），单击 "OK"，如图 12-11 所示。

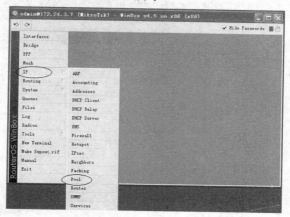

图 12-10　单击 IP/Pool

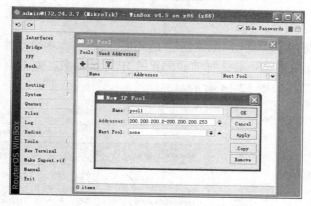

图 12-11　配置 IP 地址池

12.4.4　配置 PPPoE 认证服务器

这一步是决定用户是否能够上网的关键。

（1）单击左侧 "PPP"，选择 "Interface"，单击 "PPPoE Server"，如图 12-12 所示。

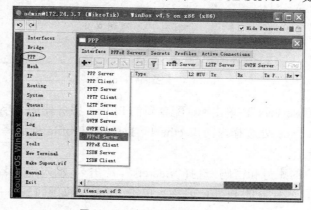

图 12-12　选择 PPP/PPPoE Server

（2）单击 ✚，输入 PPPoE 服务器的名字，单击 "OK"，如图 12-13 所示。

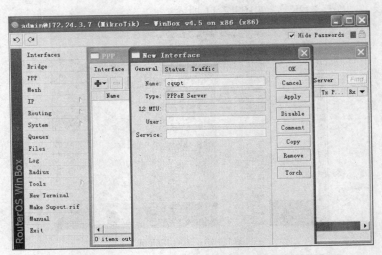

图 12-13　输入 PPPoE 服务器的名字

（3）选择 "Profiles"，单击 ✚，配置新的 Profiles 的名称、本地地址（要配置成 ether1 口的 IP 地址）、远程地址（注意：要选择前面配置的 IP 地址池名，如本例为 pool1）、DNS 服务器等信息，单击 "OK"，如图 12-14 所示。

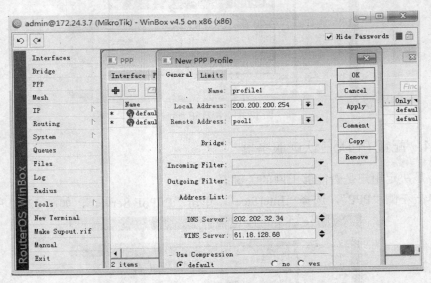

图 12-14　配置 PPP Profiles

（4）选择 "PPPoE Servers"，单击 ✚，配置新的 PPPoE 服务器的名字等信息，配置完后单击 "OK"（注意：Interface 处选择内网口 ether1，Default Profile 处选择上一步配置的 Profile 名称），如图 12-15 所示。

（5）配置拨号用户的账号和密码：选择 "Secrets"，单击 ✚，输入用户名和密码，选择 Service 为 PPPoE，Profile 为前面建立的 Profile 名称，单击 "OK"，如图 12-16 所示。

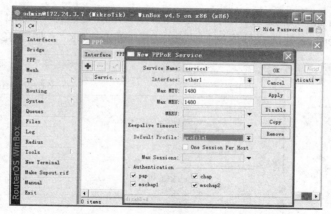

图 12-15　配置新的 PPPoE 服务器相关信息

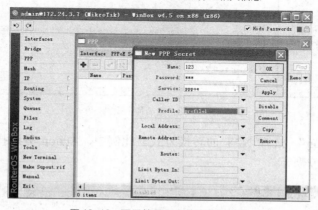

图 12-16　配置拨号用户的账号和密码

12.4.5　配置 NAT（内外网地址转换）

由于内网使用了私有地址（虽然用的不是私有 IP 地址段，但该地址不是外网统一分配的），需要启用 NAT 实现内外网地址的转换。

（1）单击 IP/Firewall，如图 12-17 所示。

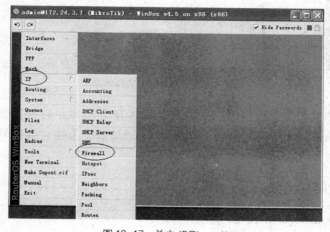

图 12-17　单击 IP/Firewall

（2）单击 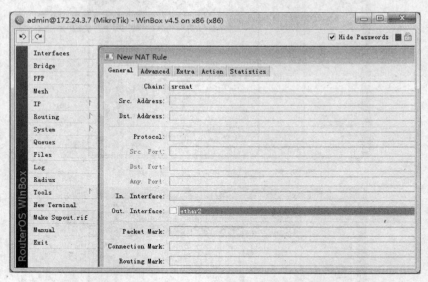，增加 NAT 规则，选择"General"。Chain 处选择"srcnat"（srcnat 意思是源地址转换），Out Interface 处选择外网网口"ether2"，单击"OK"，如图 12-18 所示。

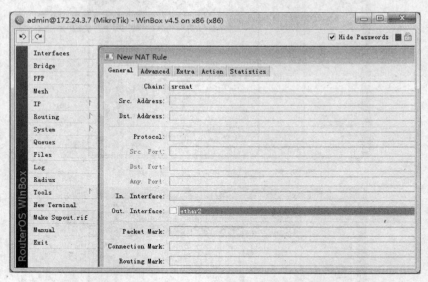

图 12-18　增加 NAT 规则

（3）选择"Action"，选择 NAT 的转换方式。此例中，Action 处选择"masquerade"，单击"OK"，如图 12-19 所示。

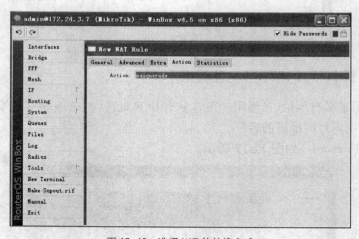

图 12-19　选择 NAT 的转换方式

此例中，当前转换为多个内网用户共用一个外网 IP 进行地址转换出外网，那么这种情况下使用 masqurade 模式。此时，数据包会在外网 IP 地址基础上加上端口号，用端口号来区分不同的内网用户。

12.4.6　配置路由

（1）单击 IP/Routes，如图 12-20 所示。

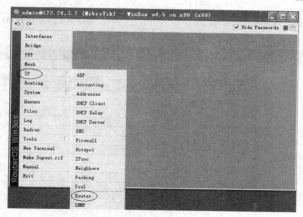

图 12-20　单击 IP/Routes

（2）选择"Routes"，可以看到已有两条路由项，这是为 BAS 配置网卡地址时系统生成的两条默认的静态路由，如图 12-21 所示。

图 12-21　选择 Routes

（3）单击 ✚，设置新的路由项——为认证服务器配置下一跳的路由。Gateway 处应设置成外网网关（如本例为 172.24.3.1），如图 12-22 所示。

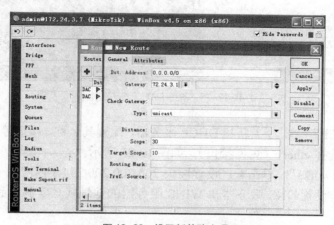

图 12-22　设置新的路由项

（4）单击"OK"后，可以看到增加了一条路由项，如图 12-23 所示。

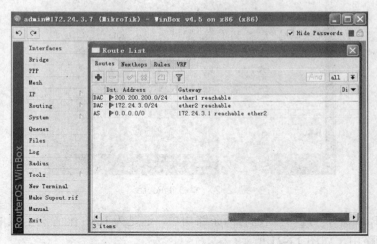

图 12-23　查看路由项

12.4.7　配置 DHCP 服务器

配置 DHCP 服务器，为拨号后用户动态分配内网 IP 地址。

（1）单击 IP/DHCP Server，如图 12-24 所示。

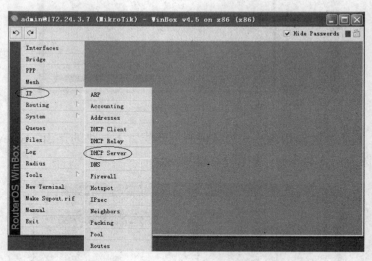

图 12-24　单击 IP/DHCP Server

（2）选择"DHCP"，单击✚，新建 DHCP 服务器，配置其名称、接口等信息，单击"OK"。注意：Interface 处选择 ether1（内网接口）。如图 12-25 所示。

（3）选择"Networks"，单击✚，设置网关 200.200.200.254（内网网卡 ether1 的地址），子网掩码为 24 位，设置 DNS 服务器和 WINS 服务器的地址（与实际一致），单击"OK"，如图 12-26 所示。

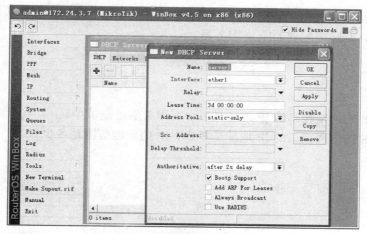

图 12-25　新建 DHCP 服务器

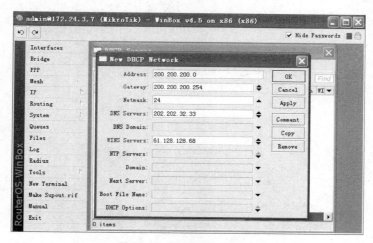

图 12-26　配置 DHCP Network

12.4.8　拨号测试

（1）将测试 PC 与 BAS 的 ether1（内网网口）相连，创建"宽带连接"，输入用户名"123"，密码"123"，看能否拨号上校园网。

（2）拨号成功后，在"CMD"模式下，输入命令"ipconfig"，观察该计算机拨号后获得的 IP 地址是否在 202.202.202.2～253/24 网段。

12.5　总结

通过学习对 XF-BAS 的配置方法，可加深对宽带接入认证设备的工作过程的理解。首先，需要配置 IP 地址池，设置提供给内网用户上网的 IP 地址范围。最关键的是要配置 PPPoE 服务器，指定内网接口、本地地址（内网接口地址）、远程地址（IP 地址池）、DNS 服务器以及用户的账户信息等。若内网使用了私网地址，还需配置 NAT 以实现内外网地址转换。同时，为了实现用户能访问到外网，还需为认证服务器配置下一跳的路由。若要实现用户拨号后内网地址动态分配，则还需配置 DHCP 服务器。

12.6　思考题

（1）XF-BAS 的外网接口的 IP 地址是多少？网关地址是多少？
（2）XF-BAS 的内网接口的 IP 地址是多少？IP 地址池范围是多少？

第四部分 EPON 实训

第 **13** 章 EPON 实训预备知识

　　EPON 利用 PON 技术与以太网的结合，将信息封装成以太网帧进行传输，在 PON 的拓扑结构下实现以太网的接入。它融合了 PON 和以太网的优点，系统结构简化、标准宽松、成本低、带宽高，与现有的以太网兼容，具有同时传输 TDM、IP 数据和视频广播的能力等优点，成为了实现 FTTx 的主流技术。

13.1　EPON 基本原理

13.1.1　EPON 的协议栈

　　EPON 的标准是 IEEE 802.3ah，按照标准，EPON 的协议栈如图 13-1 所示。

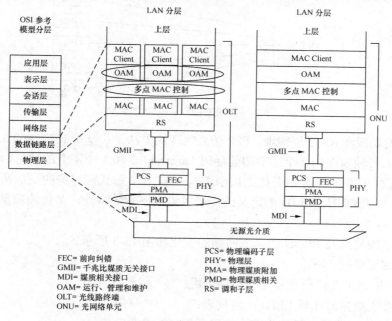

FEC= 前向纠错
GMII= 千兆比媒质无关接口
MDI= 媒质相关接口
OAM= 运行、管理和维护
OLT= 光线路终端
ONU= 光网络单元

PCS= 物理编码子层
PHY= 物理层
PMA= 物理媒质附加
PMD= 物理媒质相关
RS= 调和子层

图 13-1　EPON 的协议栈

IEEE 制定 EPON 标准的基本原则是尽量在 IEEE 802.3ah 体系结构内进行 EPON 的标准化工作，最小程度地扩充标准以太网的 MAC 协议。IEEE 802.3ah 标准主要定义了 EPON 的物理层规范（特别是光接口）、多点控制协议 MPCP（multi-point control protocol）和 OAM（运行、管理、维护）等相关内容，如图 13-1 中所圈之处。下面对这几个部分进行阐述。

1. EPON 的 PMD 层

PMD 子层位于整个网络的最底层，完成光纤连接和光/电转换功能。它包括两种规范：1000BASE-PX10 和 1000BASE-PX20。它们的不同之处主要在于工作范围。1000BASE-PX10 的目标距离是 10km，1000BASE-PX20 的目标距离是 20km。

最初采用可支持 10km 距离的 1000BASE-PX10 系统是基于如下原因：

① 在日本和欧洲，10km 链路可以覆盖主要的城市圈；

② 在北美，10km 链路可以覆盖主要企业（商业）圈。

2. LLID 与仿真子层

由于以太网本身是 P2P 连接，EPON 的 P2MP 物理层必须具备 P2P 仿真的功能。P2P 仿真要模拟实现网络拓扑结构从 P2MP（树状）变为 P2P，使得下层的 P2MP 在高层看来是一组 P2P 连接的集合，如图 13-2 所示。

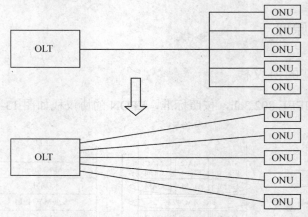

图 13-2　网络拓扑结构从 P2MP 变为 P2P

P2P 仿真的功能在 RS 子层实现。P2P 仿真实现的方法是：基于 IEEE 802.3 帧格式，仅对 IEEE 802.3 以太网帧前面的 7 个字节的前导码（preamble）和 1 个字节的帧起始定界符（SFD）部分进行了修改：在每一个分组开始之前添加一个 LLID，替代前导符的最后两个字节。LLID 用于在 OLT 上标识 ONU。LLID 的定义改变了以太网固有的特性，是传输质量获得可以控制的基础。

IEEE 802.3 帧格式及 EPON 的以太网帧的变化如图 13-3 所示。

P2P 仿真实现机制：

● LLID 由 OLT 在注册过程中动态地分配；

● OLT 接收数据时比较 LLID 注册列表；

● ONU 接收数据时，仅接收符合自己的 LLID 或者广播包。

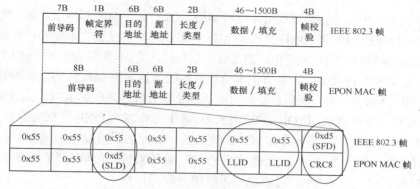

图 13-3　EPON 系统中以太网帧结构的变化

3. EPON 的 MPCP 层

由于 EPON 的特殊性，需要开发一种新的能与之相适应的 MAC 以太网协议并修改 IEEE 802.3。鉴于此，创建了一个新的多点 MAC 控制子层，以及相应的多点 MAC 控制协议 MPCP，来实现点对多点的 MAC 控制。MPCP 使用消息、状态机和定时器来控制访问点到多点的拓扑结构。MPCP 涉及的内容包括：ONU 的自动发现和加入、ONU 发送时隙的分配、向高层报告拥塞情况以便动态分配带宽等。在点到多点拓扑结构中，每个 ONU 都包含一个 MPCP 实体，用以和 OLT 中的 MPCP 的一个实体相互通信。

MPCP 在 OLT 和 ONU 之间规定了一种控制机制来协调数据的有效发送和接收：系统运行过程中上行方向在一个时刻只允许一个 ONU 发送；位于 OLT 的高层负责处理发送的定时、不同 ONU 的拥塞报告，从而优化 PON 系统内部的带宽分配。EPON 通过 MPCP 来实现 OLT 和 ONU 之间的带宽请求、带宽授权和测距等。

下面简介 ONU 的自动注册过程。

（1）MPCP 帧格式及 5 类 MPCP 帧

MPCP 帧也是一种以太网帧，遵循 IEEE 802.3 帧格式。它的帧格式如图 13-4 所示。

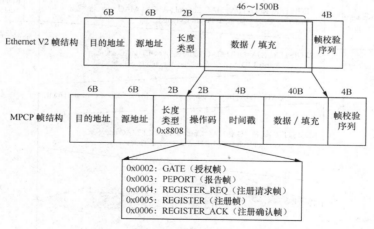

图 13-4　MPCP 帧格式

在 MPCP 帧里有一个字段叫"时间戳"，它对于 ONU 与 OLT 的同步有着非常重要的作用。

OLT 和 ONU 都有一个本地计数器提供本地时间戳。OLT 发送 MPCP 协议帧时，把计数器的值复制到协议的时间戳字段，在 ONU 接收到 MPCP 协议帧时，设置它本地的计数器的值为接收到的 MPCP 协议帧的时间戳字段的值。通过这个过程，所有的 ONU 都同步到 OLT 的时钟。同样，ONU 发送 MPCP 协议帧时，也要把本地计数器的值复制到 MPCP 协议帧的时间戳字段。OLT 接收到 MPCP 协议帧后，用所收到的时间戳的值来计算往返时间 RTT，完成测距操作。这个 RTT 的值反映了每个 ONU 到 OLT 的距离长短，将作为 OLT 为 ONU 分配时隙时的重要参考。

在"操作码"字段定义了不同的 MPCP 帧类型。五种主要的 MPCP 帧如下。

● GATE 帧（OLT 发出）：允许接收到 GATE 帧的 ONU 立即或者在指定的时间段发送数据。GATE 帧既用于 ONU 注册过程也用于时隙分配等过程。

● REPORT（ONU 发出）：向 OLT 报告 ONU 的状态，包括该 ONU 同步于哪一个时间戳、以及是否有数据需要发送。REPORT 帧既用于 ONU 注册过程也用于时隙分配等过程。

● REGISTER_REQ（ONU 发出）：在注册规程处理过程中请求注册。REGISTER_REQ 帧仅用于 ONU 注册过程。

● REGISTER（OLT 发出）：在注册规程处理过程中通知 ONU 已经识别了注册请求。REGISTER 帧仅用于 ONU 注册过程。

● REGISTER_ACK（ONU 发出）：在注册规程处理过程中表示注册确认。REGISTER_ACK 帧仅用于 ONU 注册过程。

（2）ONU 的注册

ONU 断电重启或新挂上 PON 网络都要进行注册。ONU 必须注册才能获得 LLID，才能上报 Report，才能被 OLT 分配带宽。注册过程是自动完成的，该过程通过 OLT 与 ONU 之间传递一系列的 MPCP 帧来实现。

自动注册过程（发现过程）如图 13-5 所示。

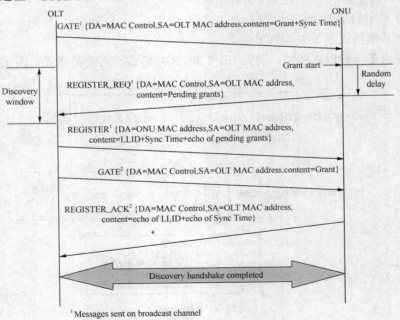

图 13-5　自动注册过程

发现过程由 OLT 发起，给新连接的或非在线的 ONU 提供一个接入到 PON 网络的机会。OLT 定期开启"发现窗口"，在这个窗口内，未注册的 ONU 将有机会上报其注册信息。

步骤 1：OLT 周期性的发送"发现 GATE 帧"来通知 ONU 发现窗口的周期。发现 GATE 帧包含发现窗口的开始时间和长度。该帧以广播形式发送。

步骤 2：非在线 ONU 接收到该帧后将等待该周期的开始，然后向 OLT 发送 REGISTER_REQ 帧（REGISTER_REQ 帧中包括 ONU 的 MAC 地址以及最大等待授权（Pending Grant）的数目）。由于"发现窗口"是唯一的，需采取某种机制来避免多个 ONU 同时上报 REGISTER_REQ 帧而造成冲突。例如，可采用让每个 ONU 随机延迟一段时间后再发送信息的方法，如图 13-5 所示。

步骤 3：OLT 接收到有效的 REGISTER_REQ 消息后，将注册该 ONU，分配 LLID 并与对应的 MAC 地址绑定。然后，OLT 向新发现的 ONU 发送注册（Register）帧，该帧包含 ONU 的 LLID 以及 OLT 要求的同步时间。同时，OLT 还对 ONU 最大等待授权的数目进行响应。

步骤 4：此时 OLT 已经有足够的信息用于调度 ONU 访问 PON，并发送标准的 GATE 帧（单播帧），允许 ONU 发送 REGISTER_ACK。

步骤 5：ONU 回送 REGISTER_ACK，当 OLT 接收到 REGISTER_ACK，该 ONU 的发现进程完成，该 ONU 注册成功并且可以开始发送正常的消息流。

4．OAM 层

EPON 是在以太网技术的基础上发展起来的，它继承了以太网的很多技术，与以太网一样，具有成本低廉、与 IP 协议匹配性好等优点。但是，由于以太网最初运行于 LAN 环境，没有考虑运行维护和管理（OAM）等方面的很多问题。现在要将其运用于接入网，OAM 就必须考虑进去。鉴于此，IEEE 802.3ah 任务组在制定 EPON 标准时，增加了 OAM 功能，规范了 OAM 子层。不过，OAM 并非是必备子层，而是可选子层。

在 EPON 系统运行中，OLT 设备通过 OAM 协议实时的控制和监控 ONU 设备的运行状态，包括远端故障指示、远端环回、链路管理等功能。还提供扩展的 OAM 机制，实现丰富的 ONU 远程操作、维护和管理所必须的管理维护功能。

13.1.2　EPON 的传输帧结构

EPON 帧分为下行帧和上行帧，均为定时长帧，帧时长都是 2ms。

1．下行帧

EPON 下行传输帧结构如图 13-6 所示，下行帧是固定长度帧的连续数据流（2ms），每帧携带多个长度可变的数据包，每个数据包由信头、可变长度的净荷和误码检测域组成。在每个 EPON 帧的帧头有 1 个字节的同步标识符，用于 ONU 与 OLT 的同步。

2．上行帧

与下行帧一样，EPON 上行帧长度也为 2ms，每帧有一个帧头，表示该帧的开始。每帧再进一步分割成长度可变的时隙，每个时隙分配给一个 ONU，用于传输发送给 OLT 的上行数据。

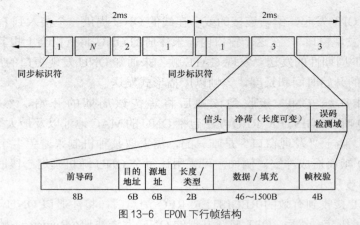

图 13-6　EPON 下行帧结构

　　每个 ONU 有一个 TDM 控制器，它与 OLT 的定时信息一起，控制上行数据包的发送时刻。每个 ONU 在授权给定的时隙内发送数据帧，以避免复合时相互间发生碰撞和冲突。

　　EPON 上行帧结构及其组成的过程，分别如图 13-7 和图 13-8 所示。

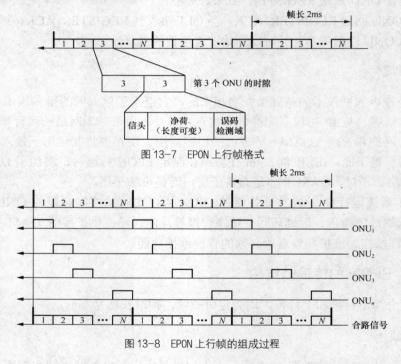

图 13-7　EPON 上行帧格式

图 13-8　EPON 上行帧的组成过程

13.2　武汉长光 EPON 产品介绍

13.2.1　OLT 设备-YOTC OpticalLink C8000 简介

1. 总体规格

OpticalLink C8000 产品是武汉长光公司针对大规模接入应用的电信级 EPON OLT 设备。该产品遵循 IEEE 802.3-2005 标准，具有丰富的用户接口和板卡类型，同时提供强大的网管功能，能实现系统的灵活组网和管理，适用于城域网边缘、电信网的接入层和企业网的汇聚层/接入层。

C8000 OLT 设备支持两组（每组 4 个通道）直流电源，每个通道两组电源 1 + 1 冗余备份。C8000 单板槽位区共有 14 个竖热插拔的 ATCA 单板槽位。中间两个槽位（7 号和 8 号槽）为交换控制板槽位，支持 1 + 1 主备倒换，系统至少需配 1 个交换控制板。其余 12 个槽位（1～6 和 9～14 号槽）为业务板槽位，可以从各种业务板中选配。C8000 设备板位功能图如图 13-9 所示。

1	2	3	4	5	6	7	8	9	10	11	12	13	14
业务板	业务板	业务板	业务板	业务板	业务板	控制交换板	控制交换板	业务板	业务板	业务板	业务板	业务板	机架管理板
风扇													

图 13-9　C8000 设备板位功能图

2. 板卡简介

本实训平台选用的 C8000 采用最低配置，即：一块主控板 SCU + 一块上联数据业务版 SLU + 一块 EPON 业务单板 LPU4 + 一块机架管理板 SHMM。其中，交换控制板 SCU 位于 7 槽插，上联数据业务版 SLU 位于 6 号槽位，EPON 业务单板 LPU4 位于 1 槽插，机架管理板 SHMM 位于 14 号槽位旁，其余槽位未插板。其机箱前视图如图 13-10 所示。

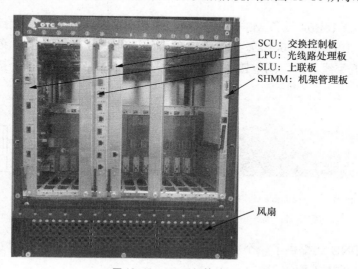

SCU：交换控制板
LPU：光线路处理板
SLU：上联板
SHMM：机架管理板

风扇

图 13-10　C8000 机箱前视图

设备的端口号采用"槽位编号/端口编号"的格式，如 1 槽位 1 端口应写为 1/1；6 槽位 1 端口应写为 6/1。

（1）交换控制板-SCU

交换控制板是 C8000 OLT 设备的核心，在 C8000 机架中只能插在 7、8 号槽位。主要功能是系统控制和处理宽带业务。

交换控制板上提供了一个普通串口 Console 口，供本地配置时使用。

（2）EPON 业务单板——LPU4

LPU4 EPON 业务板有 4 路 EPON 接口模块，提供 4 个 SC/PC 接口的 EPON 接口。同时自带 CPU 用于接收交换控制板发来的命令并报告本板业务状态，作为代理完成本单板 EPON MAC 芯片的配置以及管理。LPU4 可以插在 C8000 机架上除 7、8 号槽位之外 1～14 槽位的任意槽位。最大传输距离 20km，最大分光比 1∶64。

（3）上联数据业务板 SLU

上联业务板是系统的网络业务接口，提供 4 路千兆 Combo 口，即可通过配置选择使用电或光介质。上联业务板接到交换控制板的主交换芯片上，同时接受交换控制板的配置和管理。上联业务板可以插在 C8000 机架上 6、9 号槽位。

（4）机箱管理板

机箱管理板（SHMM）位于 14 号槽位的旁边，负责各机框部件的硬件信息收集，并提供 SCU 板访问这些机框部件底层信息通道。

SHMM 板还提供 1 个以太网网口（10/100BASE-TX），接口传输速率为 10/100Mbit/s。该接口是带外网管接口，做带外管理和设备升级时使用。使用时，用 5 类双绞线连接，支持 100m 传输距离。

13.2.2 ONU 设备简介

1. MDU 设备——M3-16B0P

图 13-11 为 M3-16B0P 设备 M3-16B0P 属于 MDU（多用户单元），是光纤到楼综合接入设备，可支持 16 个 10Base-T/100Base-TX/ VoIP 的混线 RJ45 端口，即数据、语音采用"内部混线"方式：一根五类线入户，同时接入语音和数据业务。RJ45 接头的 8 个接脚识别方法如图 13-12 所示。

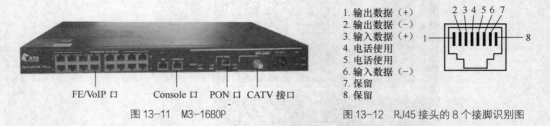

1. 输出数据（+）
2. 输出数据（−）
3. 输入数据（+）
4. 电话使用
5. 电话使用
6. 输入数据（−）
7. 保留
8. 保留

FE/VoIP 口   Console 口   PON 口 CATV 接口

图 13-11　M3-16B0P   图 13-12　RJ45 接头的 8 个接脚识别图

M3-16B0P ONU 还提供了一个 Console 口，用于连接配置电缆。通过这个接口，网管人员可完成对 ONU 的本地配置。

配置电缆是一根 8 芯电缆，一端是压接的 RJ45 插头，插入 ONU 的 Console 口里；另一端则带有一个 DB-9（孔）插头，可插入配置终端的 9 芯（针）串口插座。配置电缆如图 13-13 所示。

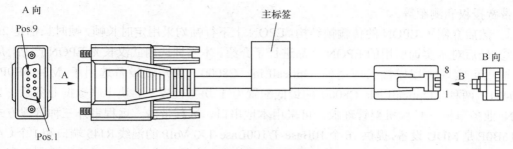

图 13-13　配置电缆

本 Console 口采用了两根不同线序的配置电缆。配置电缆连接关系如表 13-1 和表 13-2 所示。

表 13-1　配置电缆连接关系-用作连接主盘（数据部分，收、发方向定义以设备为准）

RJ45	Signal	方向	DB-9
3	TXD	→	2
6	RXD	←	3
5/8	GND	□	5

表 13-2　配置电缆连接关系-用作连接 IAD（语音部分，收、发方向定义以设备为准）

RJ45	Signal	方向	DB-9
4	TXD	→	2
2	RXD	←	3
5/8	GND	□	5

此外，M3-16B0P 还提供 1 个 CATV 接口，用户通过此接口可收看 CATV 节目。

2．SFU 设备——M3-0421P

图 13-14 为 M3-0421P 设备，M3-0421P 属于 SFU，是光纤到户综合接入设备，可支持 4 个 FE 口，2 个语音口，1 个 CATV 接口。

图 13-14　M3-0421P

13.3　总结

① 本章首先介绍了 EPON 协议栈，对 P2P 仿真功能、MPCP 层等进行了详细阐述。P2P 仿真主要通过在 IEEE 802.3 帧引入 LLID 字段来实现，LLID 由 OLT 在注册过程中动态的分配，用于在 OLT 上标识 ONU。MPCP 层使用 MPCP 协议来实现 OLT 和 ONU 之间的带宽请

求、带宽授权和测距等。

② 然后介绍了 EPON 的传输帧结构，EPON 上下行帧均采用定时长帧，帧时长都是 2ms。

③ 最后对本实训所用的 EPON 产品进行了介绍。本实训选用武汉长光 EPON 产品，局端设备选用可实现大规模接入应用的 OpticalLink C8000，用户端设备选用了 M3-16B0P 和 M3-0421P 两种。OpticalLink C8000 的最低配置为 1 块主控板 + 1 块上联数据业务版 + 1 块 EPON 业务单板 + 1 块机架管理板，可采用本地串口、远程带内、远程带外三种管理方式。M3-16B0P 是 MDU 设备，提供 16 个 10Base-T/100Base-TX/ VoIP 的混线 RJ45 端口和 1 个 CATV 接口，可实现 FTTB 接入。M3-0421P 是 ONT 设备，可支持 4 个 FE 口，2 个 POTS 口和 1 个 CATV 接口。

13.4 思考题

（1）与 IEEE 802.3 帧相比，EPON 的 MAC 帧有什么不同？

（2）在 ONU 的自动注册过程中，用到了哪几种 MPCP 帧？

（3）OpticalLink C8000 的串口在哪种单板上？该单板可以插在哪些槽位？带外网管接口在哪个单板上？

（4）M3-16B0P 可否直接下挂模拟话机？

（5）通过串口对 M3-16B0P 分别进行语音和数据业务配置时，可否使用同一根串口线？

14.1 实训目的

- 了解并熟悉 EPON 实训平台设备组网情况。
- 了解和掌握 YOTC C8000 基本操作命令。

14.2 实训规划（组网、数据）

14.2.1 组网规划

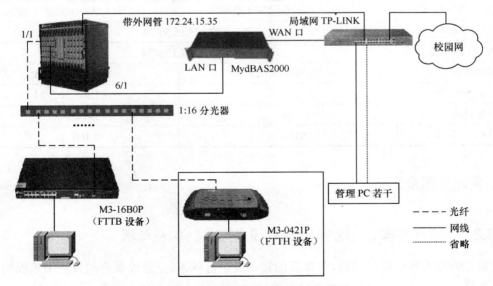

图 14-1 EPON 基本操作与维护实训组网图

组网说明：

图 14-1 为 EPON 基本操作与维护实训组网图。EPON 局端设备 OLT C8000 采用最小配置：一块主控板 SCU-C，位于 7 号槽位；一块上联板 SLU，位于 6 号槽位；一块 PON 业务板 LPU4，

位于 1 号槽位。

C8000 通过 1 号槽位的 1 号 PON 口下联 1:16 分光器,从分光器的各光纤分支分别接一个 ONU,类型为 FTTH 设备 M3-0421P 或 FTTB 设备 M3-16B0P。再分别从 ONU 的任一网口插网线连接用户 PC。

C8000 通过 6 号槽位 1 号电口上联至宽带接入认证设备 MydBAS2000(与 ADSL 实训所用 BAS 相同),再上行通过局域网交换机访问校园网,模拟数据业务上联网络。

鉴于只有一个 OLT 设备,不便于让每一组都通过串口方式登录 OLT 配置,故本实训采用带外网管方式。用网线一端插入 C8000 14 号槽位旁的 SHMM 板的带外网管接口,另一端插入局域网交换机。若干管理 PC 也通过网线与局域网交换机相连。只要将管理 PC 的 IP 地址配置成与带外网管 IP 在同一网段,即可通过带外网管方式远程访问 C8000。此处,C8000 的带外网管地址为 172.24.15.35/24。

C8000 系统支持 5 个 Telnet 用户同时登录,加上另一个用户通过串口方式管理系统,则该系统共可支持 6 个用户。若一个用户管理一个 ONU,本实训平台共可下挂 6 个 ONU 设备,同时实现 6 个小组的操作。

为方便讲解,关于 EPON 的所有实训均选择一个 M3-16B0P(FTTB 设备)和一个 M3-0421P(FTTH 设备)的业务配置进行阐述。

14.2.2 数据规划

EPON 基本操作数据规划如表 14-1 所示。

表 14-1　　　　　　　　　　　EPON 基本操作数据规划表

配　置　项	FTTH（M3-0421P）数据	FTTB（M3-16B0P）数据
OLT 带外网管 IP	172.24.15.35/24	
管理 PC 的 IP 地址	172.24.15.x/24	
OLT 带内网管 IP	192.168.10.1/24	192.168.20.1/24
ONU 带内网管 IP		192.168.20.5/24
带内网管 vlan	10	20
ONU ID	ID：1	ID：2

14.3　实训步骤及记录

14.3.1　实训步骤 1：观察 C8000 设备硬件结构及单板

观察 C8000 设备的硬件结构,各单板的接口及运行状态。记录设备启动过程中单板的 RUN 灯状态变化。

14.3.2　实训步骤 2：熟悉实训室组网

熟悉实训室组网情况,熟悉 C8000 上下行设备,并画出实训室的组网图。

14.3.3　实训步骤 3：配置管理 PC 的 IP 地址，登录 C8000

（1）将管理 PC 的 IP 地址配置在 172.24.15.0/24 网段，在 windows 的 cmd 模式下 ping 通 C8000 的带外 IP 地址 172.24.15.35/24 后，输入 "telnet 172.24.15.35"，即可登录 EPON OLT（C8000），如图 14-2 所示。

图 14-2　telnet C8000

（2）在图 14-3 所示的登录界面中，输入密码 "yotc"，进入 view 视图 "C8000>" 模式。

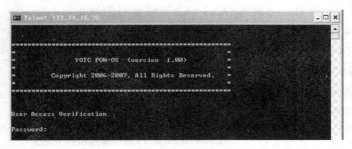

图 14-3　C8000 登录界面

（3）在 "C8000>" 模式下，如图 14-4 所示输入 "enable" 及 enable 的密码 "yotc"，进入 enable 视图 "C8000#" 模式，可以开始一系列的查看和配置操作了。

图 14-4　进入 enable 视图

14.3.4　实训步骤 4：在 enable 视图下，进行一系列查看操作

（1）使用 show system 查看显示设备信息

设备信息包括设备型号、设备系列号、设备描述、设备时区、设备时区名称、设备的系统时间及系统持续运行时间。

如：C8000# show system

若要进行配置操作，则需在 config 视图下。

```
C8000#config terminal //进入 config 视图，可简化输入为 con t
C8000(config)#  //config 视图
```
修改系统时间，用命令：datetime year month day hour minute second
如：C8000(config)# datetime 2011 12 3 20 45 18
修改系统名称，用命令：hostname <hostname>。系统名称缺省值为 c8000。
如：C8000(config)# hostname c8000-Y
```
   C8000-Y(config)#
```
（2）使用 show running-config 命令查看 OLT 系统配置
如：C8000# show running-config
```
! build configuration
! system datetime :12:08:59 01/07/2012
! system configuration, version:V400R010B011:build at:Jun  4 2010, 10:42:37
configure terminal
…………
```
当显示信息超过一屏时，可键入<Ctrl＋C>暂停信息的显示。
（3）使用 show slot 命令查看槽位单板情况

show slot <1-14>不带参数显示各槽位的简要状态信息，包括期望板卡类型、实际插入的板卡类型、板卡的状态等。带参数显示指定槽位单板详细信息。

如：C8000# show slot 1 //查看 1 号槽位单板情况
```
slot 1 Information
permit Model                 : LPU4 board  //期望板卡类型
insert Model                 : LPU4 board //实际插入的板卡类型
board description            :
board status                 : Insert Permit Normal //板卡状态
board port number            : 4        //板卡端口数
board led                    : c0       //板卡 led 状态
board temperature            : 24 C     //板卡温度
board power Line A status     : Line Ok
board power Line B status     : Off Line
Optical Module 1 status       : Rx Los
Optical Module 2 status       : Rx Los
Optical Module 3 status       : Rx Los
Optical Module 4 status       : Rx Los
board Flash Total            : 8388608    // flash 总大小
board Flash Unused           : 6421689    // flash 剩余空间大小
board Ramdisk Total          : 0          // ramdisk 总大小
board Ramdisk Unused         : 0          // ramdisk 剩余空间大小
board CPU usage              : 9%         //当前 CPU 的占有率
board Ram total              : 100%       //RAM 总大小
board Ram unused             : 40%        //RAM 剩余空间大小
```
其中，最重要的一个信息是单板状态 board status，常见的状态有以下几种。
● **Insert Permit Normal**：设备插板、运行正常，与配置板类型一致。
● **Insert Permit**：设备插板运行不正常，但与配置板类型一致。
● **Insert Normal**：设备插板、运行正常，但与配置板类型不一致或者未配置板类型。
● **Insert**：表示设备插板运行未正常，但与配置板类型不一致或者未配置板类型。
● **Insert Permit Normal (Master) ***：表示当前正在操作的是主用盘。

● **Insert Permit Normal (Slave) ***：表示当前操作的是备用盘。注意：只有 console 口才可能操作备盘，Telnet 只可能操作到主盘。

若需设定某个槽位期望插入的板卡类型，可用命令

　　slot board-set <槽位号>　<单板类型>

如：C8000(config)# slot board-set 1 lpu4　//设置 1 号槽位期望插入板卡类型为 LPU4

（4）使用 show vlan 查看当前配置的 vlan 情况：show vlan (all | vlan-id)

参数说明：　all：显示所有 VLAN 的相关信息；　vlan-id：特定 vlan 的信息。

如：查看 vlan 3 的信息

```
C8000(config)# show vlan 3
----------------------------------------------------
VLAN ID: 3
Description: VLAN 0003
Tagged ports:        //以 tagged 方式加入该 Vlan 的端口
    1/1
Untagged ports:        //以 untagged 方式加入该 Vlan 的端口
    6/1
Multicast flood mode:
    Flood-none (Discard if mcast addr is not found)
```

（5）使用 show outband-info 查看设备的带外网管 IP。

如：C8000# show outband-info

　Out band fast-ethernet ip address: 172.24.15.35 , netmask is: 255.255.255.0.

14.3.5　实训步骤 5：VIAN 基本配置

（1）在 config 视图下进行 vlan 的创建操作，用命令：vlan first-id [last-id]

参数说明：

first-id、last-id：要创建的 VLAN 的范围，取值范围 1～4094。若不指定 last-id，则创建 VLAN first-id 并进入其视图或直接进入已存在的该 vlan 视图。

如：

创建 vlan 10，进入 VLAN10 配置视图

```
C8000(config)# vlan 10
C8000(config-vlan-10)# //进入 vlan10 配置视图
```

批量创建 VLAN10～20，显示创建统计信息

```
C8000(config)#vlan 10 20
Statistics for VLAN creating: expected = 11, success = 11, fail = 0
```

（2）将某个端口加入 vlan，有两种方式：

方式 1：在 vlan 模式下用 port　(AA/BB)　(tagged/untagged)命令

参数说明：

AA/BB，端口号，如 1/1，6/1；

tagged：带有指定 VLAN ID 的报文从端口出去时，保留 vlan tag；

untagged：带有指定 VLAN ID 的报文从端口出去时，剥除 vlan tag。

如：将 1 槽位 1 号端口加入 vlan 50，出口方式为 tagged

C8000(config)#vlan 50

C8000(config-vlan-50)#port 1/1 tagged

该方式下，用 no port interface-number 从当前 VLAN 中删除指定端口

如：从当前 VLAN 删除成员端口 C8000(config-vlan-50)# no port 1/1

方式 2：进入相应的端口，用 port vlan vlanid 命令（此命令可实现端口同时加入多个 vlan）（该命令的前提是相应的 vlan id 已经创建）

如：

将 1 号槽位 pon 板的 1 号口加入 vlan 50，出口方式为 tagged

```
C8000(config)# interface pon 1/1   //进入 PON 接口视图
C8000(config-if-pon-1/1)#port vlan 50 tagged
```

将 6 号槽位上联板的 1 号口加入 VLAN 10-20，出口方式为 untagged

```
C8000(config)# interface gigabit-ethernet 6/1  //进入 ge 接口视图
C8000(config-if-gigabit-ethernet-6/1)# port vlan 10 to 20 untagged
```

该方式下，用 no port vlan 命令将端口从指定 VLAN 中删除

如：从当前端口删除 VLAN 10-20

```
C8000(config-if-gigabit-ethernet-6/1)#no port vlan 10 to 20
```

（3）在 config 视图下进行 vlan 的删除操作，用命令：no vlan first-id [last-id]

如：删除 VLAN 10

```
C8000(config)#no vlan 10
```

14.3.6 实训步骤 6：配置 OLT 带内网管

带内网管配置分 3 步完成：

① 创建用于带内网管的 vlan

```
C8000(config)#vlan 20
```

② 将上联口加入网管 vlan

```
C8000(config-vlan-20)#port 6/1 untagged
```

③ 在带内网管的 vlan 视图下，配置带内网管的 IP 地址、子网掩码及 MAC 地址。用命令：inband ip-address

```
C8000(config-vlan-110)#inband ip-address 192.168.20.1 255.255.255.0
00:00:04:00:00:01
```

此时可以用 show inband-info 命令查看带内网管的配置情况。

如：

```
C8000(config-vlan-1000)#show inband-info
Current state: up
VLAN interface : 20
MAC address: 00:00:04:00:00:01
IP address: 192.168.20.1
IP netmask: : 255.255.255.0
```

此时可以在 OLT 上 ping 通自己的带内网管 IP。注意要退回 enable 视图。这里顺便提一下，返回上级视图的命令有两类，如下：

① exit/quit：在所有试图下都可使用，这两个命令用于从当前视图退出到上一级视图。

如果是 view 或者 enable 视图时输入该命令，则会显示重新登录画面或断开链接；

②　end：在除 view 视图外的所有视图下都可使用，用于退出当前的视图，直接回到 enable 视图下。

如：

```
C8000(config-vlan-1000)#end   //直接退回 enable 视图
C8000#ping 192.168.20.1
PING 192.168.1.2: 56 data bytes
Reply from 192.168.1.2: time = 0ms TTL = 64
 Reply from 192.168.1.2: time = 0ms TTL = 64
Reply from 192.168.1.2: time = 0ms TTL = 64
Reply from 192.168.1.2: time = 0ms TTL = 64
 Reply from 192.168.1.2: time = 0ms TTL = 64
----192.168.1.2 PING Statistics----
5 packets transmitted, 5 packets received, 0% packet loss
round-trip (ms) min/avg/max = 0/0/0
```

配置带内网管时有一些需要注意的问题，如下所述。

①　带内网管 IP 不能与带外网管 IP 在同一个网段。

②　带内网管 VLAN 要与业务 VLAN 分开。

③　带内网管的 MAC 地址可以随意取值，但不能配置为组播的 MAC 地址。

14.3.7　实训步骤 7：ONU 的授权

EPON 系统下行方向采用广播方式，上行采用时分复用技术，通过 OLT 控制 ONU 在不同的时隙发送上行数据，如果 ONU 没有得到授权（不合法），则 OLT 不会给 ONU 分配时隙来发送上行数据。

武汉长光的 EPON 系统采用与 ONU 的 MAC 地址绑定的授权方式。

（1）设置授权策略，用命令：authen-strategy　（auto/ manual）

如：

```
C8000(config)# authen-strategy 设置自动或手动绑定 onu
auto    Auto bind onu with random onuid while onu is registered
manual  Bind onu by manual while onu is in the illegal list
```

授权的策略可分为自动和手动，命令中 auto 表示自动，manual 表示手动。采用自动策略时，系统会为已注册的 ONU 自动分配 ID 号，其范围为 1～64；采用手动策略时，需要管理员手动配置为 ONU 分配 ID。自动授权方式避免了人工绑定的麻烦，但是不利于管理，故现网中一般采用手动绑定策略（注意：MDU 设备必须采用手动方式，不能采用自动方式）。下面讲述手动绑定授权的命令。

（2）查询 pon 口下未授权的 onu，获取 mac 地址、类型等

在 pon 口视图下，用命令 show illegal-onu-info

如：

```
C8000(config)# interface pon 1/1
C8000(config-if-pon-1/1)#show illegal-onu-info
ONU_NUM   PON-ID   LLID   MacAddress Type      Distance(M)
  OamVersion      RegisterTime
-----------------------------------------------------------------------------
```

```
--------------------------------
 1          1/1      1     00:1a:69:00:16:1f    M3-0421P           80
    OAM v3.3    2012/01/07 15:53:17
 2          1/1      2     00:1a:69:00:17:1d    M3-16B0P           89
    OAM v3.3    2012/01/07 12:33:11
--------------------------------
--------------------------------
Total: 2 illegal ONUs registered
```

通过命令可查看到 1/1 PON 口下有两个已注册但未授权的 ONU，一个是 M3-0421P 类型的 ONU，其 MAC 地址是 00:1a:69:00:16:1f；另一个是 M3-16B0P 类型的 ONU，MAC 地址是 00:1a:69:00:17:1d。获得了这些信息，就可以进行授权了。

（3）手动绑定 ONU

● SFU 型 ONU，用命令：

```
bind sfu onuid onuid mac-address mac-addr type onu-type
```

以本实训中的 SFU 设备为例：

```
C8000(config-if-pon-1/1)#bind sfu onuid 1 mac-address 00:1a:69:00:16:1f type
m3-0421p
```

● MDU 型 ONU，用命令：

```
bind mdu onuid onuid mac-address mac-addr type onu-type ip ipaddress netmask gateway
```

与 SFU 绑定的最大不同在于，绑定 MDU 的同时，需要给 MDU 配置带内网管 IP 地址、子网掩码、网关及网管 VLAN。

以本实训的 MDU 的绑定为例：

```
C8000(config-if-pon-1/1)#bind mdu onuid 2 mac-address 00:1a:69:00:17:1d type
m3-16b0p ip 192.168.20.5 255.255.255.0  192.168.20.1 20
```

// 192.168.20.5 是分配给 MDU 的带内网管 IP，255.255.255.0 是带内 IP 对应的子网掩码，192.168.20.1 是带内网管的网关，可取对应的 OLT 的带内网管 IP，20 是网管 VLAN。该数值见数据规划。

（4）用 show legal-onu-info 命令查看绑定情况

```
eg: C8000(config-if-pon-1/1)#show legal-onu-info

ONU-ID    LLID  State     MAC address     Type       Dist(M)  SLA  IP address
----------------------------------------------------------------------

01/01:01  1     online    00:1a:69:00:16:1f  M3-0421P    80         1

ONU-ID    ActiveTime                Description
----------------------------------------------------------------------
01/01:01  2012/01/07 15:53:17       ONU:01/01:03


Total: 1 legal ONU bound
```

（5）解绑定 ONU，用命令 no bind onuid (onuid | all)

该命令用于解绑定某个 PON 口下的某个 ONU 或当前 PON 下的所有合法 ONU。

如：解绑定 1/1 PON 口下 2 号 ONU

```
C8000 (config-if-pon-1/1)#no bind onuid 2
```

（6）其他一些相关的查询命令

● show legal-onu-info (all | slotid |WORD)：可在 view、enable 和 config 视图下使用

参数说明：all：所有 PON 口；slotid：LPU 槽位号；*WORD*：ONU 的 ID 号

该命令用于查询所有 PON 口下或者指定 LPU 槽位下所有合法 ONU，或者显示具有某个 ONU ID 的 ONU 的详细信息。

如：

```
C8000(config)# show legal-onu-info 1/1:1    //查询1号槽位1号 PON 口下挂 ONU ID 为1的
ONU 的详细信息
```

● show illegal-onu-info (all | *slotid*)：可在 view、enable 和 config 视图下使用

该命令用于查询所有或者指定 LPU 槽位下所有非法 ONU。

14.4　总结

① 通过本次实训，熟悉实训室组网、C8000 上下行设备以及基本的操作配置命令。

② 查询操作用 show 命令，删除操作一般用 no 命令。

③ 上光标键、下光标键、Tab 键、? 等的使用与 GPON 时的使用类似，此处不再赘述。

④ 常用视图汇总：

```
View 视图：C8000>；
enable 视图：C8000#；
config 视图：C8000 (config) #；
ge 接口视图：C8000(config-if-gigabit-ethernet-6/1)#；
PON 接口视图：C8000 (config-if-pon-1/1)；
VLAN 视图：C8000(config-vlan-10)#；
onu 接口视图：C8000(config-if-onu-1/1:1)#；
```

大家要熟悉各视图的进入方式以及相应视图下可做的基本操作。

⑤ 可用 exit/quit 或 end 命令返回上级视图。它们的最大不同之处在于 exit/quit 只返回上一级视图，end 直接返回 enable 视图。

14.5　思考题

（1）记录设备启动过程中各单板 run 灯状态变化。

单　　板	单 板 名 称	槽 位 号	接口类型及数量	run 灯状态
控制交换板				
PON 板				
上联板				

（2）如何配置带内网管？写出相应的配置命令。

（3）如何查询 OLT 的带内和带外 IP 地址？分别写出相应的查询命令。

（4）如何将千兆上联口 6/1 加入 vlan20？有两种方式实现，分别写出相应的命令。

（5）怎样实现 ONU 的手动绑定？写出相应的步骤及命令。

15.1 实训目的

● 掌握 C8000 基本上网业务的开通步骤及命令。

15.2 实训规划（组网、数据）

15.2.1 组网规划

实训组网图与第 14 章相同。

15.2.2 数据规划

基于 EPON 的宽带业务数据规划如表 15-1 所示。

表 15-1 　　　　　　　　　　　　　　基于 EPON 的宽带业务数据规划

配 置 项	FTTH（M3-0421P）数据	FTTB（M3-16B0P）数据
ONU 的 MAC 地址	00:1a:69:00:16:1f	00:1a:69:00:17:1d
管理 PC 的 IP 地址	172.24.15.x/24	
OLT 带内网管 IP	192.168.10.1/24	192.168.20.1/24
ONU 带内网管 IP		192.168.20.5/24
带内网管 vlan	10	20
数据业务 VLAN	11	21
ONU ID	1	2
与用户 PC 接口	1	1

15.3 实训原理

实训原理与 GPON 基本上网业务配置实训的原理相同，此处不再赘述。

15.4　实训步骤与记录

根据实训的原理，用户 PC 拨号时，与 BAS 之间采用 PPPoE 协议进行通信。在用户 PC 与 BAS 之间的一系列设备的作用就是建立一条通畅的数据链路，实现二层数据的透传。因此在 EPON 系统中，要做的工作就是为用户划分业务 VLAN，并把相应的端口（上联口、PON 口、用户口）加入业务 VLAN 中。由于 EPON 系统数据包采用 ethernet 格式，不像 GPON 系统采用虚连接的方式传输数据，因此，相对于 GPON 系统，EPON 系统的基本上网业务的配置要简单得多。

本实训有两种 ONU 设备：SFU 和 MDU，它们的配置略有不同。终端是 SFU 时，所有配置都在 OLT 上完成，相应的数据会从 OLT 自动下发给 SFU；终端是 SFU 时，除了在 OLT 上做必要配置外，还需登录到 MDU 上做配置，本实训采用从 OLT 通过带内网管的方式登录 MDU。

相应的实训步骤如下所述。

15.4.1　实训步骤 1：配置管理 PC 的 IP 地址，登录 C8000

具体过程见 14.3.3 小节。

15.4.2　实训步骤 2：进入 config 视图，进行 EPON 基本数据业务开通配置

根据实训中 ONU 可分为 SFU 和 MDU 两种类型及其对应的应用场合类型 FTTH 和 FTTB，本次 Ethernet 业务配置也分为两种情况。下面分别进行讲述。

1. FTTH Ethernet 业务配置

● 配置流程

基于 EPON 的 FTTH Ethernet 业务配置流程如图 15-1 所示。

● 业务配置代码及说明

```
//Step1: 进入 config 视图
Password: ****（输入 yotc）
C8000> en
Enable Password: ****（输入 yotc）
C8000# con t
C8000(config)#

//step 2: 绑定 onu
```

① 可先查询 pon 口下未授权的 onu，获取 mac 地址、类型等

```
C8000(config)# interface pon 1/1
C8000(config-if-pon-1/1)#show
illegal-onu-info
```

② 授权绑定

```
C8000(config-if-pon-1/1)#bind sfu onuid 1
mac-address 00:1a:69:00:16:1f type m3-0421p
```

图 15-1　基于 EPON 的 FTTH Ethernet 业务配置流程

③ 查看绑定情况

```
C8000(config-if-pon-1/1)#show legal-onu-info
C8000(config-if-pon-1/1)#exit
//Step 3: 创建业务 vlan
C8000(config)# vlan 11        //11 是业务 vlan 号

//Step 4: 将上联口加入业务 vlan
C8000(config-vlan-11)#port  6/1  tagged
C8000(config-vlan-11)#exit

//Step 5: 将 PON 口加入业务 vlan
C8000(config)# interface pon 1/1
C8000(config-if-pon-1/1)#port vlan 11  tagged
C8000(config-if-pon-1/1)#exit

//step 6: 进入 onu, 用户口加入 vlan

C8000(config)# interface onu 1/1:1        //冒号后面的 1 是在 ONU 授权时给 ONU 分配的 ID 号
C8000(config-if-onu-1/1)#port vlan 1 tag 0 11 //将 ONU 的 1 号用户网口加入 VLAN 11,
```
发出的数据包去掉 VLAN 标签, 并设定 VLAN 11 的优先级为 0。该命令的格式为: `port vlan <onu 用户侧端口号>  tag  <优先级 0~7> <vlan id>`

2. FTTB Ethernet 业务配置

由于需要以带内网管的方式登录到 MDU, 因此需要分别配置 OLT 和 MDU 的带内网管 VLAN 及带内网管 IP, 两个 IP 必须在同一网段。

● 配置流程

基于 EPON 的 FTTB Ethernet 业务配置流程如图 15-2 所示。

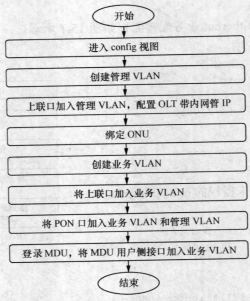

图 15-2 基于 EPON 的 FTTB Ethernet 业务配置流程

● 业务配置代码及说明

```
//Step1: 进入 config 视图
Password: ****（输入 yotc）
C8000> en
Enable Password: ****（输入 yotc）
C8000# con t
C8000(config)#


//Step 2: 创建管理 vlan
C8000(config)# vlan 20    //20 是管理 vlan 号


//Step 3: 将上联口加入管理 vlan, 并配置 OLT 的带内网管地址
C8000(config-vlan-20)#port  6/1  tagged
C8000(config-vlan-20)#inband ip-address 192.168.20.1 255.255.255.0 00:00:00:00:00:01
//192.168.20.1 是分配给 OLT 的带内网管 IP
C8000(config-vlan-20)#exit


//step 4: 授权绑定 onu

① 可先查询 pon 口下授权的 onu, 获取 mac 地址、类型等
C8000(config)# interface pon 1/1
C8000(config-if-pon-1/1)#show illegal-onu-info
② 绑定
C8000(config-if-pon-1/1)#bind mdu onuid 2 mac-address 00:1a:69:00:17:1d type
m3-16b0p ip 192.168.20.5 255.255.255.0  192.168.20.1   110        //192.168.20.5
是分配给 MDU 的带内网管 IP, 具体数值见表 15-1
③ 查看绑定情况
C8000(config-if-pon-1/1)#show legal-onu-info
C8000(config-if-pon-1/1)#exit


//Step 5: 创建业务 vlan
C8000(config)# vlan 21        //21 是业务 vlan 号


//Step 6: 将上联口加入业务 vlan
C8000(config-vlan-21)#port  6/1 tagged
C8000(config-vlan-21)#exit


//Step 7: 将 PON 口加入业务 vlan 和管理 vlan
C8000(config)# interface pon 1/1
C8000(config-if-pon-1/1)#port vlan 21  tagged
C8000(config-if-pon-1/1)#port vlan 20  tagged
C8000(config-if-pon-1/1)#exit
C8000(config)#exit


//Step 8: 登录 MDU, 将 mdu 用户侧接口加入业务 vlan
C8000#ping 192.168.20.5
C8000#telnet 192.168.20.5
Password: yotc
M3-16B0> en
```

```
Enable Password: ****（输入 yotc）
M3-16B0# con t
M3-16B0 (config)#vlan 21
M3-16B0 (config-vlan-12)#exit
M3-16B0 (config)#interface uni-ethernet 1 //进入 MDU 的 1 号以太网口，该网口将下挂用户 PC
M3-16B0 (config-if-uni-ethernet-1)#port vlan 21 untag
M3-16B0(config-if-uni-ethernet-1)#port pvid 21  //1 号口以 untag 方式加入 VLAN 21，
```
且该端口的缺省 VLAN ID 号为 21

15.4.3 实训步骤 3：拨号测试

（1）连线：用网线将 ONU 与用户 PC 相连，网线的一端插入用户 PC 的网口，另一端插入 SFU 或 MDU 的 1 号用户侧以太网接口（由于本实训只配置了 1 号用户侧接口，所以测试时插入 1 号口）。

（2）拨号测试：单击桌面的"宽带连接"，输入账号：test1，密码：1，单击"确认"看能否连接上网络。

（3）查看上网后用户 PC 获得的 IP：单击"运行"，输入"cmd"，单击"确定"，在命令行输入界面中输入命令：ipconfig，查看获得的 IP 地址是多少。

15.4.4 实训步骤 4：删除宽带业务配置数据

根据第 16 章实训中的知识，尝试将宽带业务配置数据删除，做完后让老师检查。注意：终端为 MDU 时，应该首先从 OLT 上登录到 MDU，删除 MDU 的数据后再返回 OLT 删除 OLT上的数据。

15.5 总结

① 通过本次实训，更深刻的理解了 EPON 工作原理，掌握了 C8000 系统基本宽带数据业务开通的步骤及命令。

② 若拨号测试时，显示"无法建立连接"，则说明宽带业务配置不成功，首先查看物理连接是否正常（用户 PC 是否与 ONU 的 1 号网口相连且"本地连接"是否显示正常），然后再检查数据配置。数据配置检查步骤如下。

● FTTH 业务不通时：

step1：检查 SFU 是否被正确授权（是否是合法的）；

step2：查看业务 vlan11 是否创建；

step3：查看三个端口是否加入了业务 vlan 11，并以合适的方式加入：上联口 6/1 和 PON口 1/1 以 tagged 的方式加入，用户侧接口以 tag 方式加入

● FTTB 业务不通时：

step1：登录 MDU，查看是否创建了 vlan 21；

step2：查看 MDU 的 1 号用户口是否以 untag 方式加入 vlan21，且配置其 PVID 为 21；

step3：返回 OLT，查看是否创建了 vlan21，且上联口、PON 以合适的方式加入 vlan 21；上联口 6/1 和 PON 口 1/1 均以 tagged 的方式加入。

15.6　思考题

（1）写出删除 FTTH 宽带业务配置数据的命令。

（2）写出删除 FTTB 宽带业务配置数据的命令。

（3）在 EPON 系统中，宽带业务的配置主要是将哪几个端口加入业务 VLAN？

（4）SFU 和 MDU 的宽带业务配置有什么不同？

（5）如果在 OLT 上无法 ping 通 MDU 的带内网管 IP，应怎样检查？写出相应的步骤及命令。

（6）FTTH 业务不通时，应怎样检查？写出相应的步骤及命令。

第 16 章 EPON VoIP 业务配置（基于 SIP）

16.1 实训目的

- 掌握 FTTH VoIP 语音业务配置步骤及命令。
- 掌握 FTTB VoIP 语音业务配置步骤及命令。

16.2 实训规划（组网、数据）

16.2.1 组网规划

组网说明：

图 16-1 为基于 EPON 的 VoIP 业务配置组网规划。C8000 通过 1 号槽位的 1 号 PON 口下联 1∶16 分光器，从分光器的两个分支分别连 1 个用户端设备 ONU。一个 ONU 是 FTTH 设备 M3-0421P，另一个为 FTTB 设备 M3-16B0P。每个 ONU 的语音口分别通过两条电话线连接两台普通话机。

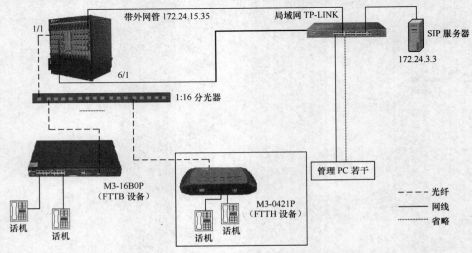

图 16-1　基于 EPON 的 VoIP 业务配置组网图

C8000 通过 6 号槽位 1 号电口上行通过局域网交换机连接 SS 设备（SIP 服务器），模拟 VoIP 业务上联网络。

对 OLT 的管理仍采用带外网管方式，带外网段地址仍为 172.24.15.35/24。

16.2.2　数据规划

基于 EPON 的 VoIP 业务配置数据规划如表 16-1 所示。

表 16-1　　　　　　　　　　基于 EPON 的 VoIP 业务配置数据规划

配 置 项	FTTH（M3-0421P）数据	FTTB（M3-16B0P）数据
ONU 的 MAC 地址	00:1a:69:00:16:1f	00:1a:69:00:17:1d
管理 PC 的 IP 地址	172.24.15.x/24	
OLT 带内网管 IP	192.168.10.1/24	192.168.20.1/24
ONU 带内网管 IP		192.168.20.5/24
带内网管 vlan	10	20
VoIP 业务 VLAN	语音 vlan：11 优先级：6	21
ONU ID	1	2
SIP 服务器	SIP 模式为 proxy 注册服务器 IP：172.24.3.3 端口号为 5060	注册服务器 IP：172.24.3.3 端口号：5060 注册周期：300s 代理服务器 IP：172.24.3.3 代理服务器端口：5060
	VoIP 的全局参数：传真模式为 transparent，静音压缩开关为 disable，回音抑制开关为 enable，DTMF 模式为 transparent，语音编码方式为 auto，输入增益为-1，输出增益为-1，来电显示模式为 fsk	端口号 0、1 的语音的线路模式： 配置前缀：no 来电显示：no 主叫显示限制：no 是否注册：yes FXS 端口的使用模式：缺省
语音 IP	语音 IP 模式：static 语音 IP：172.24.3.48 子网掩码：255.255.255.0 默认网关：172.24.3.1	IAD 的语音 IP：172.24.3.47 子网掩码：255.255.255.0 默认网关：172.24.3.1
下挂用户	端口 1：电话号码 5813111，用户名 5813111，密码 5813111 端口 2：电话号码 5813112，用户名 5813112，密码 5813112	端口 0：电话号码 5813101，用户名 5813101，密码 5813111 端口 1：电话号码 5813102，用户名 5813102，密码 5813102

16.3　实训原理

实训原理与 GPON VoIP 业务配置的原理相同。

16.4 实训步骤与记录

要实现语音通信，首先要保证语音通过的网络通路是通畅的，即要实现 ONU 到 SS 之间的数据链路通畅，在本实训中要实现 EPON 系统本身数据链路的正常。完成这部分功能的代码与前一个实训相似，即需要创建语音 VLAN，并把相应的接口加入该 VLAN。

在实现网络连接正常的基础上，还需要做与 SIP 协议相关的配置。

不管是 sfu 还是 mdu，语音配置完都要重启。

16.4.1 实训步骤 1：配置管理 PC 的 IP 地址，登录 C8000

16.4.2 实训步骤 2：在 OLT 的 config 视图下，进行 EPON 语音业务开通配置

1. FTTH VoIP 语音业务配置

主要进行 OLT 端 VoIP 参数的配置和 ONU 端 VoIP 参数的配置。所有配置均在 OLT 上完成。

OLT 端 VoIP 参数的配置，主要包括配置 VoIP 的 VLAN 及其优先级、配置 VoIP 的全局参数、配置 SIP 协议的全局参数等。

ONU 端 VoIP 参数在 ONU 视图下配置，配置信息包括：语音 IP 模式、语音 IP 地址、用户名等。

● 配置流程

基于 EPON 的 FTTH VoIP 业务配置流程如图 16-2 所示。

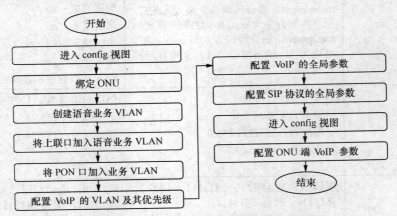

图 16-2 基于 EPON 的 FTTH VoIP 业务配置流程

● 业务配置代码及说明

```
//Step1: 进入 config 视图
Password: ****（输入 yotc）
C8000> en
Enable Password: ****（输入 yotc）
C8000# con t
```

```
C8000(config)#
```

//step 2: 绑定 onu

① 可先查询 pon 口下未认证的 onu，获取 mac 地址、类型等

```
C8000(config)# interface pon 1/1
C8000(config-if-pon-1/1)#show illegal-onu-info
```

② 授权绑定

```
C8000(config-if-pon-1/1)#bind sfu onuid 3 mac-address 00:1a:69:00:16:1f type
m3-0421p
```

③ 查看绑定情况

```
C8000(config-if-pon-1/1)#show legal-onu-info
C8000(config-if-pon-1/1)#exit
```

//Step 3: 创建语音业务 vlan

```
C8000(config)# vlan 11        //11 是语音业务 vlan 号
```

//Step 4: 将上联口加入业务 vlan

```
C8000(config-vlan-11)#port  6/1  tagged
C8000(config-vlan-11)#exit
```

//Step 5: 将 PON 口加入业务 vlan

```
C8000(config)# interface pon 1/1
C8000(config-if-pon-1/1)#port vlan 11  tagged
C8000(config-if-pon-1/1)#exit
```

//Step 6: 配置 VoIP 的 VLAN 及其优先级

```
C8000(config)# VoIP vlan 11 6 //申明 VLAN 11 作语音 VLAN 用，优先级是 6
```

//Step 7: 配置 VoIP 的全局参数–这部分参数必须与 SIP 服务器上的数据对接

```
C8000(config)#VoIP template fax transparent sil-compress disable echocancel enable
dtmf transparent codec auto input-gain -1 output-gain -1 callidmode fsk
```

注：

这部分代码的格式：VoIP template fax (transparent|t38) sil-compress (enable|disable) echocancel (enable|disable) dtmf (transparent|rfc2833) codec (auto|g711a|g711u|g729|g723) input-gain i-gain output-gain o-gain callidmode (fsk|dtmf)。

参数说明：

fax transparent|t38 为传真模式；sil-compress enable|disable 为静态压缩开关；echocancel enable|disable 为回音抑制开关；dtmf transparent|rfc2833 为 DTMF 模式；codec auto|g711a|g711u| g729|g723 为语音编码方式；i-gain 为输入增益，设置话筒语音信号功率大小，范围为-31～31；o-gain 为输出增益，设置听筒语音信号功率大小，范围为-31～31；fsk|dtmf 为来电显示模式。

//Step 8: 配置 SIP 协议的全局参数

```
C8000(config)#sip template mode proxy  register-server-ip 172.24.3.3 port 5060
```

//配置 SIP 协议的全局参数：模式为 proxy，register 服务器 IP 为 172.24.3.3，第四层端口号为 5060

```
//Step:9: 配置 ONU 端 VoIP 参数: 进入 ONU 视图, 设置语音 IP 模式、语音 IP 地址、用户名等
C8000(config)#interface onu 1/1:1 //进入 onu 视图
C8000(config-if-onu-1/1:1)#VoIP ip mode static //配置 sfu 语音 ip 模式为 static, 默认
为 PPPoE
C8000(config-if-onu-1/1:1)#VoIP ip static-ipaddress 172.24.3.48 255.255.255.0
172.24.3.1
//配置 sfu 语音 IP 地址为 172.24.3.48, 子网掩码是 255.255.255.0, 网关是 172.24.3.1
C8000(config-if-onu-1/1:1)#sip port 1 num 5813111 usrname 5813111 passwd 5813111
//配置 sfu 端口 1 电话号码是 5813111, 用户名 5813111, 密码是 5813111
C8000(config-if-onu-1/1:1)#sip port 2 num 5813112 usrname 5813112 passwd 5813112
//配置 sfu 端口 2 电话号码等
C8000(config-if-onu-1/1:1)#reset //重启 ONU
C8000(config-if-onu-1/1:1)#exit
```

注: 一些相关的查询命令

● 查看全局 VoIP 配置

```
C8000(config)# show VoIP configuration
```

● 查看 ONU 1/1:1 的 VOIP 配置

```
C8000(config-if-onu-1/1:1)#show VoIP ip configuration
```

● 查看 ONU1/1:1 的 VoIP SIP 端口 1 的配置及注册状态

```
C8000(config-if-onu-10/1:1)#show VoIP port 1
```

通过该命令查看到的几个重要信息如下。

Register Status: offline: 未注册; online: 已注册。

Physical Status: hang-up: 挂机: Hold: 摘机。

2. FTTB VoIP 业务配置

与 FTTH 的 VoIP 配置有很大不同, 对于 FTTB 的 VoIP 业务配置, 它的配置包括 OLT 端和 MDU 本地配置。

首先在 OLT 上作基本的二层配置, 即把 OLT 看做一台二层交换机, 创建 VLAN (不需申明该 VLAN 作语音通信用), 将相应接口加入 VLAN, 再以带内网管方式远程登录 MDU, 创建语音 VLAN。这部分做完后保存, 然后再在 MDU 上作本地配置。

MDU 上作的本地配置内容包括: 配置 IAD 的语音 IP, 语音的线路模式, SIP 服务器相关参数, 端口用户信息等。

MDU 语音数据要通过专用串口线连接 MDU 在本地配置, 不能在 OLT 上通过远程方式登录 MDU 配置 (因为 OLT 的带内网管与 MDU 的语音板的 IP 不在同一网段)。

● 配置流程

基于 EPON 的 FTTB VoIP 业务配置流程如图 16-3 所示。

● 业务配置代码及说明

```
//Step1: 进入 config 视图
Password: ****(输入 yotc)
C8000> en
Enable Password: ****(输入 yotc)
C8000# con t
C8000(config)#
```

//Step 2: 创建管理 vlan
C8000(config)# vlan 20   //20 是管理 vlan 号

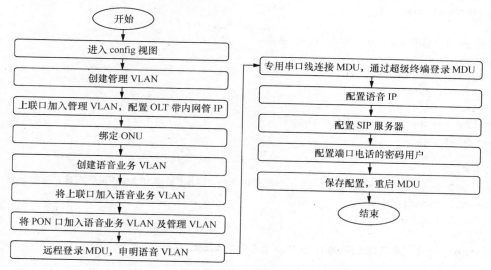

图 16-3　基于 EPON 的 FTTB VoIP 业务配置流程

//Step 3: 将上联口加入管理 vlan，并配置 OLT 的带内网管地址
C8000(config-vlan-110)#port 6/1 tagged
C8000(config-vlan-110)#inband ip-address 192.168.20.1 255.255.255.0 00:00:00:00:00:01
/192.168.20.1 是分配给 OLT 的带内网管 IP
C8000(config-vlan-110)#exit

//step 4: 绑定 onu

① 可先查询 pon 口下未授权的 onu，获取 mac 地址、类型等
C8000(config)# interface pon 1/1
C8000(config-if-pon-1/1)#show illegal-onu-info
② 绑定授权
C8000(config-if-pon-1/1)#bind mdu onuid 2 mac-address 00:1a:69:00:17:1d type
m3-16b0p ip 192.168.20.5 255.255.255.0 192.168.20.1   20
③ 查看绑定情况
C8000(config-if-pon-1/1)#show legal-onu-info
C8000(config-if-pon-1/1)#exit

//Step 5: 创建语音业务 vlan，在 OLT 侧不需说明这个 vlan 作语音用
C8000(config)# vlan 21   //21 是业务 vlan 号

//Step 6: 将上联口加入业务 vlan
C8000(config-vlan-21)#port 6/1 tagged
C8000(config-vlan-21)#exit

//Step 7: 将 PON 口加入业务 vlan 和管理 vlan
C8000(config)# interface pon 1/1
C8000(config-if-pon-1/1)#port vlan 21 tagged

```
C8000(config-if-pon-1/1)#port vlan 20  tagged
C8000(config-if-pon-1/1)#exit
C8000(config)#exit
```

//Step 8: 登录 MDU, 申明语音 vlan, 保存
```
C8000#ping 192.168.20.5
C8000#telnet 192.168.20.5
Password: yotc
M3-16B0> en
Enable Password: ****（输入 yotc）
M3-16B0# con t
```

//申明语音 vlan
```
M3-16B0 (config)#VoIP-vlan 21  //配置语音的 VLAN, 语音 VLAN 不用先创建, 直接配置
M3-16B0 (config)#exit
M3-16B0 #write
```

//Step9: 用专用串口线连接 MDU, 在 MDU 上进行本地配置

登录设备需专用的数据线, 通过超级终端界面登录。进入界面如下所示, 密码是 admin

```
**********************************************************
*                                                        *
*            YOTC PON-OS  (version 1.00)          *
*                                                        *
*       Copyright 2006-2007, All Rights Reserved.   *
*                                                        *
**********************************************************
User Access Verification
Password:
IAD(16)>
IAD(16)>en
Password:
IAD(16)#
```

更改文字模式（可选）
```
IAD(16)#set language
请选择 CLI 使用的语言(Please select the language used in CLI)
0 -- 中文 Chinese
1 -- 英文 English
->[0]:0
```
您已选择[中文]作为 CLI 的使用语言, 请保存参数并重新启动设备
```
You have selected [Chinese] as CLI language,please save configurations and reset
```

//Step10: 配置 IAD 的语音 IP

```
IAD(16)#set ip
->设备网口 IP 地址[172.24.3.47]:172.24.3. 47//配置语音 IP
->设备网口子网掩码[255.255.255.0]:255.255.255.0
```

->计费网口 IP 地址[138.1.60.1]://　配置计费服务器，如果没有计费服务器，不用配置
->计费网口子网掩码[255.255.0.0]:
->是否使用默认网关?'yes'or'no'[yes]:yes
->请输入默认网关 IP 地址[172.24.3.1]:172.24.3.1
IP 地址需要重启后生效！
确定更改吗 ?'yes'or'no'[yes]:yes

IAD(16)#show ip　//查看配置情况
　设备网口的 IP 配置
　　IP 地址：172.24.3.47
　　子网掩码：255.255.255.0
　　MAC 地址：00:0e:b4:02:ba:68
　计费网口的 IP 配置
　　IP 地址：138.1.60.1
　　子网掩码：255.255.0.0
　　MAC 地址：00:0e:b4:02:ba:69
　默认网关 IP 地址：172.24.3.1

//Step11：配置语音的线路模式
IAD(16)#set local-pots
->是否配置并使用网关号码前缀[yes|no][no]:n　//这个默认选择 no，一般用在电话号码前面的区号，
如 023 重庆等
　->请输入端口号[0]://选择要用的端口，由 0-15，对应设备的 1-16 口
　->电话号码[5813101]:5813101　//端口号码
　->是否开通来电显示[yes|no][yes]://这些用默认的
　->是否主叫号码显示限制[yes|no][no]:
　->是否注册[yes|no][yes]:
　->FXS 端口的使用模式（0-缺省;1-启动模拟拨号功能;2-热线电话;4-查号台）[0]:
　->指定出局端口[0]:
　要继续配置吗 ?'yes' or 'no' [yes]:y//如果选 yes，就是继续配置，如果选 no，就只配置到这
就结束
　->请输入端口号[1]:
　->电话号码[5813102]:
　->是否开通来电显示[yes|no][yes]:
　->是否主叫号码显示限制[yes|no][no]:
　->是否注册[yes|no][yes]:
　->FXS 端口的使用模式（0-缺省;1-启动模拟拨号功能;2-热线电话;4-查号台）[0]:
　->指定出局端口[1]:
　要继续配置吗 ?'yes' or 'no' [yes]:n

IAD(16)#sho local-pots //查看配置情况

端口	类型	前缀	端口号码	来电显示	主叫显示限制	是否注册	使用模式	转接端口	热线/远端放号/查号台
0	FXS	( )	5813101	YES	NO	YES	缺省	0	
1	FXS	( )	5813102	YES	NO	YES	缺省	1	
2	FXS	( )	212	YES	NO	NO	缺省	2	
3	FXS	( )	213	YES	NO	NO	缺省	3	
4	FXS	( )	214	YES	NO	NO	缺省	4	

5	FXS	( )		215	YES	NO		NO	缺省	5
6	FXS	( )		216	YES	NO		NO	缺省	6
7	FXS	( )		217	YES	NO		NO	缺省	7
8	FXS	( )		218	YES	NO		NO	缺省	8
9	FXS	( )		219	YES	NO		NO	缺省	9
10	FXS	( )		220	YES	NO		NO	缺省	10
11	FXS	( )		221	YES	NO		NO	缺省	11
12	FXS	( )		222	YES	NO		NO	缺省	12
13	FXS	( )		223	YES	NO		NO	缺省	13
14	FXS	( )		224	YES	NO		NO	缺省	14
15	FXS	( )		225	YES	NO		NO	缺省	15

```
//step11: 配置 SIP 服务器
IAD(16)#set sip
->是否启用注册服务器'yes'or'no'[yes]:
->注册服务器地址（取消请输入 0）[172.24.3.3]:
->注册服务器域名（取消请输入 0）[]:
->注册服务器端口（0-65535）[5060]:
->注册周期（30-65535）[300 s]:
->内线互拨通过注册服务器'yes'or'no'[yes]:
->本地 SIP 信令侦听端口（0-65535）[5060]:
->是否启用代理服务器?'yes'or'no'[yes]:
->代理服务器地址（取消请输入 0）[172.24.3.3]:
->代理服务器域名（取消请输入 0）[]:
->代理服务器端口（0-65535）[5060]:
->重启后才生效!
->确定更改吗?'yes'or'no'[yes]:y

IAD(16)#sho sip //查看配置
 是否启用注册服务器:是
   注册服务器地址:172.24.3.3
   注册服务器域名:
   注册服务器端口:5060
   注册周期:300s
   内线互拨通过注册服务器:是
 本地 SIP 信令侦听端口:5060
 是否启用代理服务器:是
   代理服务器地址:172.24.3.3
   代理服务器域名:
   代理服务器端口:5060

//step12: 配置端口电话的密码用户,注册认证时需要
IAD(16)#set sipuser
->请输入端口号（0-15）[0]:
->0 端口号码:5813101
->主叫名称（输入 0 取消主叫名）[]://不用配置
->用户名（输入 0 取消用户名）[5813101]:
->密码（输入 0 取消密码）[*******]:
->继续配置其他端口 ?'yes'or'no'[yes]:y
```

->请输入端口号（0-15）[1]:
->0 端口号码:5813102
->主叫名称（输入 0 取消主叫名）[]://不用配置
->用户名（输入 0 取消用户名）[5813102]:
->密码（输入 0 取消密码）[*******]:
->继续配置其他端口 ?'yes'or'no'[yes]:n

IAD(16)#sho sipuser //查看配置
端口：　　0
类型：　　FXS
前缀：
端口号码: 5813101
主叫名称:
用户名:　5813101
注册状态: registered //表示注册成功。配置正确时，要重启设备后才可能注册成功

端口：　　1
类型：　　FXS
前缀：
端口号码: 5813102
主叫名称:
用户名:　5813102
注册状态: registered

端口：　　2
类型：　　FXS
前缀：
端口号码: 212
主叫名称:
用户名:
注册状态: waiting

端口：　　3
类型：　　FXS
前缀：
端口号码: 213
主叫名称:
用户名:
注册状态: waiting

端口：　　4
类型：　　FXS
前缀：
端口号码: 214
主叫名称:
用户名:
注册状态: waiting

端口：　　5

```
类型：      FXS
前缀：
端口号码：215
主叫名称：
用户名：
注册状态：waiting


端口：      6
类型：      FXS
前缀：
端口号码：216
主叫名称：
用户名：
注册状态：waiting


端口：      7
类型：      FXS
前缀：
端口号码：217
主叫名称：
用户名：
注册状态：waiting


端口：      8
类型：      FXS
前缀：
端口号码：218
主叫名称：
用户名：
注册状态：waiting


端口：      9
类型：      FXS
前缀：
端口号码：219
主叫名称：
用户名：
注册状态：waiting


端口：      10
类型：      FXS
前缀：
端口号码：220
主叫名称：
用户名：
注册状态：waiting


端口：      11
类型：      FXS
```

前缀：
端口号码：221
主叫名称：
用户名：
注册状态：waiting

端口：　　　12
类型：　　　FXS
前缀：
端口号码：222
主叫名称：
用户名：
注册状态：waiting

端口：　　　13
类型：　　　FXS
前缀：
端口号码：223
主叫名称：
用户名：
注册状态：waiting

端口：　　　14
类型：　　　FXS
前缀：
端口号码：224
主叫名称：
用户名：
注册状态：waiting

端口：　　　15
类型：　　　FXS
前缀：
端口号码：225
主叫名称：
用户名：
注册状态：waiting

● 查看电话使用情况

```
IAD(16)#sho pots-status
```

端口号	本端口电话号码	是否主叫	话路状态	对方电话号码
0	5813101		空闲	
1	5813102		空闲	
2	212		空闲	
3	213		空闲	
4	214		空闲	
5	215		空闲	
6	216		空闲	
7	217		空闲	
8	218		空闲	

```
9      219                      空闲
10     220                      空闲
11     221                      空闲
12     222                      空闲
13     223                      空闲
14     224                      空闲
15     225                      空闲
```

//ste:13: 配置完成好要保存重启
```
IAD(16)#save
    保存操作成功!
IAD(16)#reset
```
确定重启设备? 'yes' or 'no' [no]y

注: 一些基本的查询命令汇总:

● 查看 IAD 的 IP 配置
```
IAD(16)#show  ip
```
● 查看语音的线路模式
```
IAD(16)#show  local-pots
```
● 查看 SIP 服务器的配置
```
IAD(16)#show  sip
```
● 查看端口的用户名及注册状态
```
IAD(16)#show  sipuser
```
● 查看电话使用情况
```
IAD(16)#show  pots-status
```

16.4.3 实训步骤 3: 拨号测试

（1）SFU 下挂话机测试。在 SFU（M3-0421P）的两个语音口各接一台普通话机，测试两话机是否可相互拨打。

（2）MDU 下挂话机测试。首先用五类线制作两条电话线：一端接 RJ45 接头，另一端接 RJ11 接头（按照图 13-12 RJ45 接头的 8 个接脚识别图所示，用接脚 4 和接脚 5 插入 RJ11 接头）；然后将这两条电话线的 RJ45 接头一端分别插入 MDU（M3-16B0P）的第 1 和第 2 个 FE 口，RJ11 端分别接两部普通话机，测试两话机是否可相互拨打。

16.5 总结

① 通过本次实训，了解了通过一条 5 类线实现语音和数据混传的方式，掌握了 C8000 语音业务开通的命令及一些基本的查询命令。

② 若拨号测试不成功，首先检查 ONU 设备是否重启，然后检查注册是否成功。若不成功，首先检查二层的数据链路的相关配置是否正确，即是否正确配置了业务 vlan，并将上联口、PON 口以正确的方式放入业务 vlan；再检查 VoIP 相关参数的配置是否正确，用前述的查询命令进行检查。注意，数据修改后，务必保存数据并重启 ONU，再进行拨号测试。

16.6　思考题

（1）写出重启 M3-0421P（1/3:1）的命令。

（2）如何查看 M3-0421P（1/3:1）VoIP SIP 端口 2 的注册情况，请写出相关命令。

（3）怎样查看 M3-16B0P 语音用户的注册状态？写出相关命令。

（4）若要查看 M3-16B0P 的某下挂的正在通话的用户是主叫还是被叫，可用哪条命令？

TP.171 … MS-05IPP（FXS）板合一……
172 … IDP 0321P … IDP VoIP SD … 口 的 的置置…… 好好的 05 安装……
73 … 已 FS 1680P … 5 加 FE 两用点 5 安……
C8000 直接连 MD-1 联联 直的置置置（…而 5BIP 的置置的置置…… 可直接选选选……

17.1　实训目的

● 掌握 GPON FTTH IPTV 视频业务配置步骤及命令。

17.2　实训规划（组网、数据）

17.2.1　组网规划

组网说明：

图 17-1 为基于 EPON 的 IPTV 业务配置实训组网图。C8000 通过 6 号槽位 1 号电口连接一台 PC，该 PC 安装 VLC 视频播放软件，作为视频服务器使用，模拟 IPTV 业务上联网络。

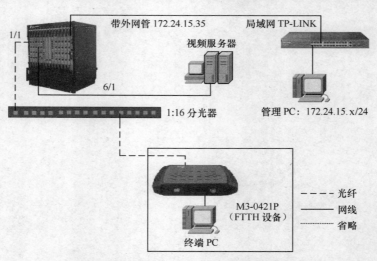

图 17-1　基于 EPON 的 IPTV 业务配置实训组网图

C8000 通过 1 号槽位的 1 号 PON 口经 1∶16 分光器下挂 FTTH 设备 M3-0421P，从 M3-0421P 的 1 号 FE 口经网线连接一台终端 PC。该终端 PC 安装 VLC 视频播放软件，配置成客户端，通过 EPON 接入收看视频服务器提供的视频节目，以实现 IPTV。

视频流的下发采用组播方式实现。

由于本版本的 FTTB 设备 M3-16B0P 不支持组播，故本实训 ONU 设备只选用 M3-0421P。

对 OLT 的管理依然采用带外网管方式，带外网管地址仍为 172.24.15.35/24。

17.2.2　数据规划

基于 EPON 的 IPTV 业务数据规划如表 17-1 所示。

表 17-1　　　　　　　　　基于 EPON 的 IPTV 业务数据规划

配 置 项	FTTH（M3-0421P）数据
ONU 的 MAC 地址	00:1a:69:00:16:1f
管理 PC 的 IP 地址	172.24.15.x/24
IPTV 业务 VLAN	11
ONU ID	1
IGMP mode	Proxy
组播源地址	224.1.2.3
ONU 下挂 PC 的端口	1 号网口

17.3　实训原理

与"GPON 的 IPTV 业务配置"的原理相同。

17.4　实训步骤与记录

本实训采用非可控组播方式实现 IPTV（即用户的加入申请将不受任何权限控制），该配置比较简单。

首先创建 vlan，并声明为组播 vlan，然后将上联口、PON 口以合适的方式加入该 vlan 中。

其次进行 IGMP 模式的配置，即需要在 OLT 上启用 IGMP Proxy，在 ONU 上启用 IGMP Snooping。由于 ONU 的 IGMP 模式默认为 IGMP Snooping 方式，且 ONU 重启后，IGMP Snooping 功能开关为重启状态，故 ONU 的 IGMP 模式无需设置。

另外还需进行组播频道的配置，并将 ONU 的 FE 口加入频道组，并设置该口下行组播数据剥除标签。

17.4.1　实训步骤 1：配置视频服务器

详见"MA5683T 的 IPTV 业务配置"之"实训步骤 1"。

17.4.2　实训步骤 2：配置管理 PC 的 IP 地址，登录 C8000

具体过程见 14.3.3 小节。

17.4.3　实训步骤 3：在 OLT 的 config 视图下，进行 EPON 的 IPTV 业务开通配置

● 配置流程

EPON 的 IPTV 配置流程如图 17-2 所示。

● 业务配置代码及说明

```
//Step1: 进入config视图
Password: **** （输入yotc）
C8000> en
Enable Password: **** （输入yotc）
C8000# con t
C8000(config)#
//step 2: 绑定onu
```

① 可先查询 pon 口下未授权的 onu，获取 mac 地址、类型等

```
C8000(config)# interface pon 1/1
C8000(config-if-pon-1/1)#show
illegal-onu-info
```

② 绑定授权

```
C8000(config-if-pon-1/1)#bind sfu onuid 1
mac-address 00:1a:69:00:16:1f type m3-0421p
```

③ 查看绑定情况

```
C8000(config-if-pon-1/1)#show legal-onu-info
C8000(config-if-pon-1/1)#exit
```

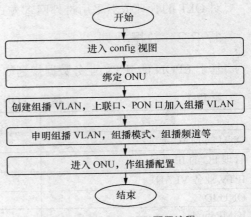

图 17-2　EPON IPTV 配置流程

```
//step 3: 创建组播业务vlan, 上联口、pon口加入业务vlan
C8000(config)#vlan 11//组播vlan
C8000(config-vlan-11)#exit

C8000(config)#interface gigabit-ethernet 6/1   //上联口以untag方式加入
C8000(config-if-gigabit-ethernet-6/1)# port vlan 11  untagged
C8000(config-if-gigabit-ethernet-6/1)#port pvid 11
C8000(config-if-gigabit-ethernet-6/1)#port type hybrid
C8000(config-if-gigabit-ethernet-6/1)#exit

C8000(config)# interface pon 1/1   //PON口以tag方式加入
C8000(config-if-pon-1/1)#port vlan 11  tagged
C8000(config-if-pon-1/1)#exit

//step 4: 申明组播vlan, 组播模式, 组播频道等
C8000(config)#igmp mode proxy //设置组播模式
C8000(config)# igmp vlantag 11 //配置组播vlan
C8000(config)#igmp groupaddr 1 224.1.2.3 224.1.2.3 11 IPTV //配置组播组1（组播频道
1），组播服务器的地址段为224.1.2.3到224.1.2.3，在组播vlan 11里，作IPTV业务

//step 5: 进入ONU, 作组播配置
C8000(config)#interface onu 1/1:1
C8000(config-if-onu-1/1:1)#port multicast-vlan 1 add 11//ONU的1号网口加入组播vlan11
C8000(config-if-onu-1/1:1)#port multicast-tag-strip 1 enable// ONU下行的组播数据去Tag
C8000(config-if-onu-1/1:1)#exit
```

注：一些常见的查询命令
- 显示当前系统配置的组播各项参数

```
C8000(config)#show igmp configuration
```
- 显示当前系统的组播地址表

```
C8000(config)# show igmp addr
```
- 显示 ONU 的端口组播剥离操作状态

```
C8000(config-if-onu-1/1:1)#show port multicast-tag-strip all
```
- 显示 ONU 的端口 1 组播 Vlan 列表

```
C8000(config-if-onu-1/2:1)#show port multicast-vlan 1
```

17.4.4　实训步骤 4：收看节目

详见"MA5683T 的 IPTV 业务配置"之"实训步骤 4"。

17.5　总结

① 通过本次实训，我们熟悉了 EPON 系统 IPTV 业务配置的基本步骤和命令。

② 本实训采用的 EPON 系统其现在的组播版本只支持 IGMP v2，需要把 PC 的组播版本改成 v2，实现方法：单击注册文件 IGMPVersion.reg，然后重启 PC 即可。

17.6　思考题

（1）为什么上联口 6/1 以 untag 方式加入 vlan11，且还需配置其 PVID 的值？

（2）要收看视频服务器上另一频道 2，其组播源地址为 224.1.2.4，组播 vlan 为 12，让 ONU 的 2 号口下挂 PC 观看，那么需要添加哪些命令？请尝试写出。

（3）若网络畅通但仍不能观看视频节目，应该怎样查看组播相关的配置？请写出相关检查命令。

参 考 文 献

[1] 原荣．宽带光接入技术．北京：电子工业出版社，2010

[2] 杨威．宽带接入技术与实践．北京：人民邮电出版社，2008．5

[3] [加]Andre Girard 著，杨柳 译．FTTx PON 技术与测试．北京：人民邮电出版社，2007．7

[4] 张中权．接入网技术．北京：人民邮电出版社，2009．3

[5] 张传福，于新雁，卢辉斌，彭灿等．网络融合环境下宽带接入技术与应用．北京：电子工业出版社，2011．5

[6] 刘洪林，蒋昌茂，张建永．IP 语音通信、原理、设计及组网应用．北京：电子工业出版社，2009．10

[7] 中兴 EPON 无源光网络客户培训授课手册，2009．8

[8] ZXDSL 9806H（V1.2）中兴宽带综合接入设备用户手册（上册）

[9] 华为 SmartAX MA5683T 光接入设备 产品描述(V800R006C02_02)

[10] 华为 SmartAX_MA5683T_光接入设备_命令参考_V800R006C02_02

[11] 华为 SmartAX_MA5683T_光接入设备_调测和配置指南_V800R006C02_02

[12] OpticalLink M3-MDU_F 安装手册 V1 [1]．0

[13] OpticalLink C8000 EPON OLT 安装手册 V2.2

[14] OpticalLink C8000 EPON OLT 操作手册 V4 [1]．0

[15] OpticalLink C8000 EPON OLT 命令行手册 V4 [1]．0

[16] OpticalLink M3-16xx 命令行手册 V1 [1]．2

[17] ITU-T G.984.3 2008.03

[18] ITU-T G.984.1 2003.03

[19] 冯建和．ADSL 宽带接入技术与应用．北京：人民邮电出版社，2002

[20] 雷维礼．接入网技术．北京：清华大学出版社，2006．9